超简单
Photoshop+
JavaScript+Python

创锐设计　编著

智能修图
与图像自动化处理

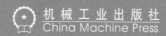

机械工业出版社
China Machine Press

图书在版编目（CIP）数据

超简单：Photoshop+JavaScript+Python 智能修图与图像自动化处理 / 创锐设计编著 . 一北京：机械工业出版社，2021.10
ISBN 978-7-111-69248-5

Ⅰ . ①超… Ⅱ . ①创… Ⅲ . ①图像处理软件② JAVA 语言 – 程序设计③软件工具 – 程序设计 Ⅳ . ① TP391.413 ② TP312.8 ③ TP311.561

中国版本图书馆 CIP 数据核字（2021）第 201146 号

你还在用钢笔工具一点点抠图吗？你还在为裁剪成百上千张图片而烦恼吗？本书想要告诉你：人工智能时代，设计也可以自动化！

本书立足于广大图像处理从业人员的工作场景，借助人工智能技术和编程技术，让新手能游刃有余地运用图像处理软件的强大功能，让熟手摆脱枯燥乏味的基础图像处理工作，更自由地释放自己的创意能量。

全书共 8 章，可分为"智能修图"和"图像自动化处理"两大部分。"智能修图"部分包括第 1~3 章，主要使用 Photoshop 2021 中新增的智能化工具和命令，借助人工智能和机器学习的力量，将原本需要几十步的操作方式简化，轻松完成抠图、背景替换和虚化、调色、磨皮、上色等工作。"图像自动化处理"部分包括第 4~8 章，主要使用 Photoshop 的动作和批处理功能，以及 JavaScript 脚本程序和 Python 程序，以批处理的方式完成水印添加、证件照拼版、工牌制作、缩略图生成、二维码生成、图像素材爬取等工作。

本书适合广大图像处理从业者，特别是平面设计师、UI 设计师、网店美工、新媒体美术编辑、影楼后期制作人员等阅读，对图像处理爱好者来说也是非常实用的参考资料。

超简单：Photoshop＋JavaScript＋Python 智能修图与图像自动化处理

出版发行：机械工业出版社（北京市西城区百万庄大街 22 号　邮政编码：100037）

责任编辑：刘立卿　　　　　　　　　　　　　责任校对：庄　瑜
印　　刷：北京富博印刷有限公司　　　　　　版　　次：2021 年 11 月第 1 版第 1 次印刷
开　　本：170mm×242mm　1/16　　　　　　印　　张：14.5
书　　号：ISBN 978-7-111-69248-5　　　　　　定　　价：79.80 元

客服电话：（010）88361066　88379833　68326294　　投稿热线：（010）88379604
华章网站：www.hzbook.com　　　　　　　　　　读者信箱：hzjsj@hzbook.com

前 言
Preface

　　说起平面设计，许多人首先想到的就是以 Photoshop 为代表的图像处理软件。这类软件具备强大的功能，熟练掌握后可以完成各种各样的图片编辑和美化工作。不过这类软件仍然存在两大"痛点"：一是专业性较强，学习门槛较高，令新手望而却步；二是对于抠图、修图等注重细节的任务，即便是熟手也要执行大量的重复性操作，耗费不少时间和精力。

　　本书针对这两大"痛点"，立足于广大图像处理从业人员的工作场景，借助日趋成熟的人工智能技术和编程技术，让新手能游刃有余地运用图像处理软件的强大功能，让熟手摆脱枯燥乏味的基础图像处理工作，更自由地释放自己的创意能量。

◎ 内容结构

　　全书共 8 章，可分为"智能修图"和"图像自动化处理"两大部分。

　　"智能修图"部分包括第 1～3 章，主要使用 Photoshop 2021 中新增的智能化工具和命令，借助人工智能和机器学习的力量，以更轻松的方式完成在传统工作流程中步骤繁复的修图任务。

　　★ 第 1 章主要讲解如何以智能化的方式快速完成主体选择、背景移除和虚化、图像颜色调整等常见操作。

　　★ 第 2 章主要讲解如何通过快速替换天空背景来营造不同氛围的场景。

　　★ 第 3 章主要讲解如何运用神经网络 AI 滤镜快速完成人像磨皮、画质提升、手绘模拟、表情变换、妆容迁移、自动上色、无损缩放等高级操作。

　　"图像自动化处理"部分包括第 4～8 章，主要使用 Photoshop 的动作和批处理功能，以及 JavaScript 脚本程序和 Python 程序，以批处理的方式完成重复度较高的图像处理任务。

★ 第 4 ~ 6 章主要讲解如何结合使用 Photoshop 的动作和批处理功能，实现图像色调调整、画框添加、图像格式与尺寸更改、图层导出、背景替换、水印添加、线稿制作、证件照拼版、工牌和学生卡制作等图像编辑流程的自动化和批量化。

★ 第 7 章以 Photoshop 提供的 JavaScript 脚本语言为开发工具，通过编写脚本程序来批量完成 Web 页面切片、不同尺寸的 App 图标生成、水印添加、图片压缩、缩略图生成等工作。

★ 第 8 章以时下流行的编程语言 Python 为开发工具，通过编写程序来完成图片的分类、格式转换、去重、缩放、翻转、裁剪、加框等常见操作，以及二维码生成、词云图绘制、图像素材爬取等新媒体编辑的常用操作。

◎ 编写特色

本书完全脱离了 Photoshop 教程的传统编写思路，坚持以应用为导向，对实际工作场景中的图像处理任务进行精心整理和归纳，构建成一个个极具代表性的案例，并选用更易上手的思路和方式进行操作，真正帮助读者解决实际问题。

◎ 读者对象

本书适合广大图像处理从业者，特别是平面设计师、UI 设计师、网店美工、新媒体美术编辑、影楼后期制作人员等阅读，对图像处理爱好者来说也是非常实用的参考资料。

由于编者水平有限，书中难免有不足之处，恳请广大读者批评指正。读者除了可扫描封面前勒口上的二维码关注公众号获取资讯以外，也可加入 QQ 群 111083348 与我们交流。

编　者
2021 年 10 月

如何获取学习资源

一 扫描关注微信公众号

在手机微信的"发现"页面中点击"扫一扫"功能，进入"扫二维码 / 条码 / 小程序码"界面，将手机摄像头对准封面前勒口中的二维码，扫描识别后进入"详细资料"页面，点击"关注公众号"按钮，关注我们的微信公众号。

二 获取资源下载地址和提取码

点击公众号主页面左下角的小键盘图标，进入输入状态。在输入框中输入关键词"智能修图"，点击"发送"按钮，即可获取本书学习资源的下载地址和提取码，如右图所示。

三 打开资源下载页面

在计算机的网页浏览器地址栏中输入前面获取的下载地址（输入时注意区分大小写），如右图所示，按【Enter】键即可打开资源下载页面。

四 输入提取码并下载文件

在资源下载页面的"请输入提取码"文本框中输入前面获取的提取码（输入时注意区分大小写），再单击"提取文件"按钮。在新页面中单击打开资源文件夹，在要下载的文件名后单击"下载"按钮，即可将其下载到计算机中。如果页面中提示选择"高速下载"或"普通下载"，请选择"普通下载"。下载的资料如果为压缩包，可使用 7-Zip、WinRAR 等软件解压。

> **提示**
>
> 读者在下载和使用学习资源的过程中如果遇到自己解决不了的问题，请加入 QQ 群 111083348，下载群文件中的详细说明，或者向群管理员寻求帮助。

目 录
Contents

第 1 章　快捷操作，简化编辑流程

第 2 章　智能场景转换，快速营造氛围

第 3 章　精选滤镜，秒变魔术师

第 4 章　批处理，让编辑流程自动化

第 8 章 Python 图像处理自动化

第1章

快捷操作
简化编辑流程

　　随着计算机图像处理技术的迅猛发展，人工智能（Artificial Intelligence，简称 AI）技术逐渐被应用到图形图像软件中，Photoshop 就是其中之一。Photoshop 2021 新增了很多智能化功能，如一键抠图、智能替换、神经网络 AI 滤镜等。这些智能化功能不仅简化了图像的编辑流程，节约了时间，而且能帮助新手更加轻松、高效地完成图像的编辑。

1.1　选择主体，一键抠取主体对象

抠图是指把某一部分图像从原始图像中分离出来成为单独的图层，为后期合成做准备。例如，网店美工常常需要将商品照片素材中的商品图像抠出来，用于制作广告海报、装修网店页面等。

Photoshop 2021 中的"选择主体"功能可以智能化地自动选中画面中的人物、动物、车辆、玩具等主体对象。对于背景内容相对简单的素材图像，该功能更容易达到较好的抠图效果。

素　材	案例文件 \ 01 \ 素材 \ 01.jpg、02.jpg、03.jpg
源文件	案例文件 \ 01 \ 源文件 \ 1.1_选择主体.psd

步骤 01　在 Photoshop 中打开素材图像"01.jpg"，可以看到画面的背景比较简洁。按快捷键【Ctrl+J】，复制"背景"图层，得到"图层 1"图层。

步骤 02　打开"属性"面板，单击"快速操作"选项组中的"选择主体"按钮，Photoshop 会自动识别并选中画面中的主体对象。

步骤 03　单击"图层"面板底部的"添加图层蒙版"按钮，为"图层 1"图层添加图层蒙版，隐藏选区外的图像。单击"背景"图层前的眼睛图标，隐藏"背景"图层，即可看到应用"选择主体"功能抠出的人物图像。

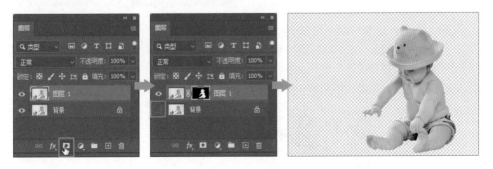

步骤 04 执行"文件 > 置入嵌入对象"菜单命令，在打开的"置入嵌入的对象"对话框中选择素材图像"02.jpg"，单击"置入"按钮，将该图像以智能对象的方式置入画面。

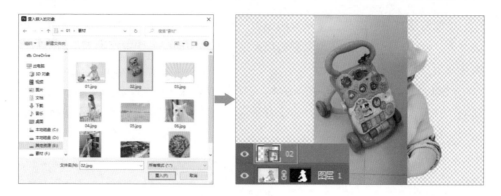

步骤 05 打开"属性"面板，单击面板下方的"转换为图层"按钮，在弹出的提示对话框中单击"是"按钮，将智能对象转换为图层。

步骤 06 接着抠取"02"图层中的主体对象。单击"属性"面板中的"选择主体"按钮，Photoshop 会自动识别并选中商品图像。

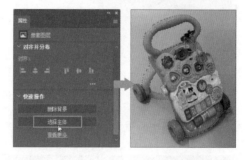

步骤 07 单击"图层"面板底部的"添加图层蒙版"按钮，为"02"图层添加图层蒙版，抠出商品图像。分别调整抠出的人物图像和商品图像的大小和位置。

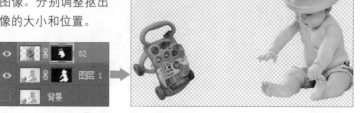

步骤 08　执行"文件 > 置入嵌入对象"菜单命令，置入素材图像"03.jpg"作为背景。将背景图像移到人物图像下方，再根据画面调整背景图像的大小，使其填满整个画布。

步骤 09　观察抠取的人物图像，发现脚部边缘有较明显的锯齿。单击图层蒙版缩览图，选择"画笔工具"，设置前景色为白色，降低画笔的不透明度，涂抹脚部边缘，使其更自然。

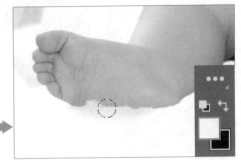

小提示

　　由于每张素材图像的背景复杂程度各不相同，用"选择主体"功能选择主体对象得到的选区边缘有时会不够准确。此时可继续使用"快速选择工具""套索工具"等进一步调整选区，更准确地选中主体对象。

步骤 10　按住【Ctrl】键不放，单击"02"图层的蒙版缩览图，载入蒙版选区。执行"图层 > 新建调整图层 > 曲线"菜单命令，新建"曲线 1"调整图层，打开"属性"面板，在曲线中间单击创建控制点，然后向上拖动控制点，提亮选区中的图像。

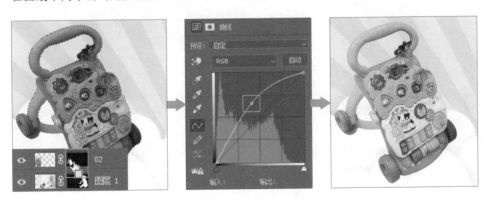

步骤 11 再次载入"02"图层的蒙版选区。新建"色阶 1"调整图层，打开"属性"面板，在"预设"下拉列表框中选择"中间调较亮"选项，提亮选区中图像的中间调部分。

步骤 12 最后创建"文字"图层组，结合使用"矩形工具"和"横排文字工具"在画面中添加所需图形和文字，制作出商品广告图。

1.2 移除背景，快速抠取人物毛发

　　人像照片的抠图对细节的要求较高。在早期版本的 Photoshop 中，人物毛发的抠取需要使用"钢笔工具"抠图法和通道抠图法，操作烦琐且准确性较低。

　　Photoshop 2021 新增的"移除背景"功能可以通过 AI 算法智能识别图像中的主体对象并快速创建选区，从复杂的背景中轻松抠出人物毛发。

素 材	案例文件 \ 01 \ 素材 \ 04.jpg、05.jpg
源文件	案例文件 \ 01 \ 源文件 \ 1.2_人物毛发.psd

步骤 01 在 Photoshop 中打开素材图像 "04.jpg"，可以看到画面的背景内容相对复杂。按快捷键【Ctrl+J】，复制"背景"图层，得到"图层 1"图层。

步骤 02 单击界面右上角的"搜索"按钮或按快捷键【Ctrl+F】，打开"发现"面板。单击"快速操作"选项，在展开的列表中单击"移除背景"选项。

步骤 03 打开"移除背景"面板，单击下方的"套用"按钮，即可从"图层 1"图层的图像中自动识别出主体对象，并通过创建图层蒙版隐藏背景部分。随后隐藏"背景"图层，即可看到抠出的人物图像。

步骤 04 打开素材图像 "05.jpg"。按快捷键【Ctrl+A】，全选图像。执行"编辑 > 拷贝"菜单命令或按快捷键【Ctrl+C】，复制图像。

步骤 05 切换到人物图像，执行"编辑 > 粘贴"菜单命令或按快捷键【Ctrl+V】，粘贴图像，在"图层"面板中生成"图层 2"图层。将"图层 2"图层移到"图层 1"图层下方作为画面的背景，然后适当调整背景图像的位置和大小。

步骤 06 观察抠取的人物图像，可以看到比较准确地抠出了发丝，但是左侧的衣服图像不完整。将前景色设置为白色，单击"图层 1"图层的蒙版缩览图，用"画笔工具"在左侧的衣服图像上涂抹，完善抠图效果。

1.3 调整细节，精确抠取动物毛发

与人物图像相比，动物图像带有更多毛发，抠取难度也更大。在运用"移除背景"功能找出主体对象后，往往还要用"选择并遮住"工作区进一步调整细节。

本案例要结合运用"移除背景"功能和"选择并遮住"工作区将素材图像中的猫咪图像抠出来，并将画面背景替换为纯色背景。

素　材	案例文件 \ 01 \ 素材 \ 06.jpg
源文件	案例文件 \ 01 \ 源文件 \ 1.3_动物毛发.psd

步骤 01 在 Photoshop 中打开素材图像"06.jpg"。执行"图层 > 新建填充图层 > 纯色"菜单命令，在弹出的"新建图层"对话框中不需要做任何设置，直接单击"确定"按钮。

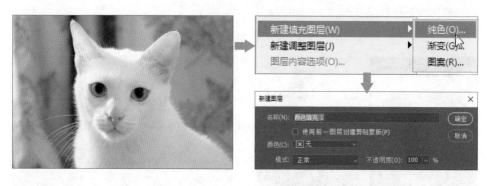

步骤 02 在弹出的"拾色器（纯色）"对话框中设置颜色值为 R102、G189、B216，单击"确定"按钮。在"图层"面板中会生成"颜色填充 1"图层，并在该图层中填充设置的颜色。

步骤 03　选中"背景"图层，按快捷键【Ctrl+J】复制该图层，得到"背景 拷贝"图层。再按快捷键【Ctrl+]】，将"背景 拷贝"图层移到"颜色填充 1"图层上方。

步骤 04　接着抠取"背景 拷贝"图层中的猫咪对象。按快捷键【Ctrl+F】，打开"发现"面板，单击"快速操作"选项，在展开的列表中单击"移除背景"选项。

步骤 05　打开"移除背景"面板，单击下方的"套用"按钮，即可从图像中移除背景。此时在图像窗口中可以看到抠出的猫咪对象，通过仔细观察会发现其边缘的毛发区域处理得还不够精细，胡须也未被抠出，需要进一步调整。

小提示

　　对图像套用"快速操作"后，如果想要还原图像，可以单击"发现"面板中的"恢复"按钮，还原所有快速操作步骤。

步骤 06　返回"发现"面板，单击"调整"选项组中的"选择并遮住"按钮，进入"选择并遮住"工作区。默认选中工具栏中的"调整边缘画笔工具"，应用此工具涂抹边缘的毛发区域，调整抠图细节。

步骤 07　用"调整边缘画笔工具"调整完所有抠图细节后，勾选"输出设置"选项组中的"净化颜色"复选框，统一边缘色彩。然后在"输出到"下拉列表框中选择"新建图层"选项，单击"确定"按钮，即可完成精细抠图。

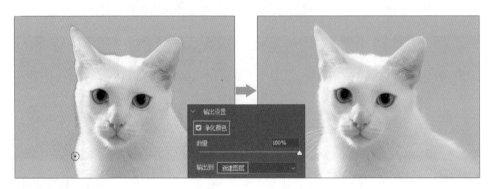

💡 **小提示**

在"选择并遮住"工作区中，如果误删了部分图像，可单击工具栏中的"快速选择工具"按钮，在图像上涂抹，找回误删的图像。

1.4　模糊背景，营造主体视觉中心

在拍摄人像照片时，由于景深的关系，有些背景元素也会非常清晰地显示在画面中，对作品主体的塑造造成影响，在后期处理时就需要通过模糊背景来突出主体。

Photoshop 2021 新增的"模糊背景"功能可以智能化地模糊图像中的背景区域，只让人物主体处于清晰状态，从而营造出视觉中心。

☁ 素　材　案例文件 \ 01 \ 素材 \ 07.jpg
源文件　案例文件 \ 01 \ 源文件 \ 1.4_模糊背景.psd

步骤 01　在 Photoshop 中打开素材图像"07.jpg"，可以看到画面中各元素的清晰度差别不大，导致人物主体不够突出。下面通过模糊背景来突出主体。按快捷键【Ctrl+F】，打开"发现"面板，单击"快速操作"选项。

步骤 02　在展开的列表中单击"模糊背景"选项，打开"模糊背景"面板。单击面板下方的"套用"按钮，套用"模糊背景"操作。随后 Photoshop 会自动创建图层蒙版并应用智能滤镜，模糊主体人物以外的区域。

步骤 03　为了让画面显得更真实，需要进一步调整图像。单击步骤 02 中自动生成的"背景 拷贝"图层蒙版缩览图，然后选择"画笔工具"，设置前景色为黑色、"不透明度"为50%，涂抹地板部分。

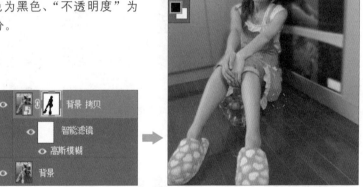

步骤 04　接着调整人物的手臂。按快捷键【Ctrl++】，放大图像。单击"发现"面板中的"选择并遮住"按钮，进入"选择并遮住"工作区。勾选"边缘检测"选项组中的"智能半径"复选框，检测要调整的选区边缘，然后设置"半径"为 30 像素。

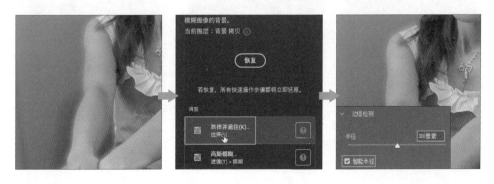

步骤 05　展开"全局调整"选项组。设置
"移动边缘"为 –40%，向内移动边缘。再
设置"羽化"为 6 像素，调整主体与背景
之间的模糊过渡效果。

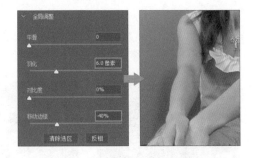

步骤 06　单击工具栏中的"快速选择工具"，涂抹人物头部旁边的背景区域，将其设置
为模糊状态。单击"确定"按钮，应用调整，生成"背景 拷贝 2"图层。

步骤 07　创建"曲线 1"调整图层，打开"属性"面板，在曲线中间单击创建控制点，
然后向上拖动控制点，提亮图像的中间调区域；再在曲线右上角创建控制点并向下拖动，
降低图像高光部分的亮度。选择"蓝"通道，在曲线中间创建控制点并向上拖动，调
整蓝通道中图像的亮度。

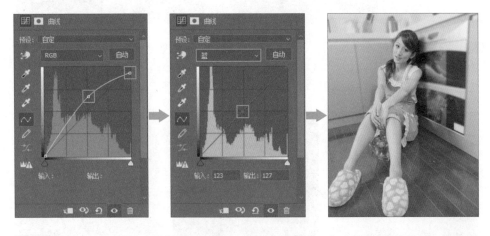

步骤 08　创建"色阶 1"调整图层，打开"属性"面板，向右拖动灰色滑块，提亮图
像的中间调部分，再向左拖动白色滑块，提亮图像的高光部分。选择"画笔工具"，设

置前景色为黑色、"不透明度"为 30%，在调整过度的区域涂抹。

1.5　局部留色，快速制作黑白背景

　　局部留色是指将主体对象之外的区域处理为黑白效果，只保留主体对象的色彩，从而让作品具有艺术感。传统的处理方式是结合使用调整图层和蒙版，这种方式需要创建较多图层，还需要涂抹蒙版，比较耗时。

　　Photoshop 2021 的"制作黑白背景"功能可以智能识别照片中的主体对象，并将其余区域转换为黑白效果，从而快速实现局部留色的效果。

素　材	案例文件 \ 01 \ 素材 \ 08.jpg
源文件	案例文件 \ 01 \ 源文件 \ 1.5_局部留色.psd

步骤 01　在 Photoshop 中打开素材图像"08.jpg"。按快捷键【Ctrl+F】，打开"发现"面板，单击面板中的"快速操作"选项。

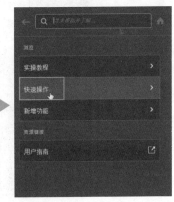

步骤 02　在展开的列表中单击"制作黑白背景"选项，打开"制作黑白背景"面板。单击下方的"套用"按钮，套用"制作黑白背景"操作。

步骤 03　Photoshop 会自动生成"背景拷贝"图层，然后识别出图像中的人物主体，通过创建图层蒙版抠出背景部分，并用智能滤镜将背景部分转换为黑白效果。

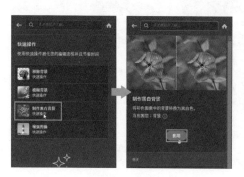

步骤 04　按快捷键【Ctrl++】放大图像，可以看到红伞左侧的建筑图像有一部分还有淡淡的颜色。选择"快速选择工具"，在这部分图像上单击，创建选区。

步骤 05　设置前景色为白色，在"图层"面板中单击"背景 拷贝"图层蒙版缩览图，然后按快捷键【Alt+Delete】，将选区中的蒙版区域填充为白色，去除残留的颜色。

1.6 增强图像，明暗色彩一键还原

Photoshop 中调光和调色的方式有很多，但是通常需要叠加多个调整图层。有没有一种方法可以一步到位地同时调整图像的明暗和色彩呢？

Photoshop 2021 的"增强图像"功能可以智能调整图像的明暗和色彩，从而改善图像的外观。该功能能够快速营造精致的画面，非常适合用于处理写实照片。

素　材	案例文件 \ 01 \ 素材 \ 09.jpg
源文件	案例文件 \ 01 \ 源文件 \ 1.6_增强图像.psd

步骤 01 在 Photoshop 中打开素材图像"09. jpg"，可以看到画面整体偏暗，色彩也不够鲜艳。下面通过调整图像的颜色，让画面变得明亮。按快捷键【Ctrl+J】复制"背景"图层，得到"图层 1"图层。

步骤 02 按快捷键【Ctrl+F】，打开"发现"面板，单击面板中的"快速操作"选项。在展开的列表中单击"增强图像"选项，打开"增强图像"面板。单击面板下方的"套用"按钮，套用"增强图像"操作。

步骤 03 Photoshop 会将"图层 1"图层转换为智能对象,并应用"Camera Raw 滤镜"自动调整图像的明暗和色彩。

步骤 04 双击"Camera Raw 滤镜",打开"Camera Raw"对话框。向左拖动"高光"滑块,降低高光部分的亮度;再向右拖动"阴影"滑块,提高阴影部分的亮度。

步骤 05 展开"混色器"选项组,向右拖动"红色"和"橙色"滑块,纠正图像的偏色问题。单击"确定"按钮,对图像应用调整。

步骤 06 选择"横排文字工具",输入需要的文字,并根据图像调整文字的大小和颜色等属性,即可制作出简洁又不失设计感的美食海报。

第 2 章

智能场景转换

快速营造氛围

在许多外景照片中，天空占据了很大一部分面积，因而对画面的氛围有很大影响。然而天空的阴晴状态是无法人为控制的，如果照片中天空的状态不能帮助烘托氛围，可以在后期处理中利用 Photoshop 2021 新增的"天空替换"功能，通过简便的操作，将天空快速替换成更理想的效果。

2.1 轻轻一点，快速选择天空背景

如果要替换外景照片中的天空背景，传统的抠图方法不仅耗时较多而且难以保留足够多的细节。Photoshop 2021 提供的智能选择天空功能可以精准识别画面中的天空部分并将其选中，对于不熟悉 Photoshop 抠图工具的用户来说非常实用。

素 材	案例文件 \ 02 \ 素材 \ 01.jpg、02.jpg
源文件	案例文件 \ 02 \ 源文件 \ 2.1_快速选择天空.psd

步骤 01 在 Photoshop 中打开素材图像 "01.jpg"，然后执行"选择 > 天空"菜单命令。

步骤 02 Photoshop 会自动识别天空部分并将其选中。按快捷键【Ctrl+J】，复制选区中的天空图像，得到"图层 1"图层。

步骤 03 执行"文件 > 置入嵌入对象"菜单命令，打开"置入嵌入的对象"对话框，选择素材图像 "02.jpg"，单击"置入"按钮，置入图像，得到"02"智能对象图层。

步骤 04 执行"图层 > 创建剪贴蒙版"菜单命令或按快捷键【Ctrl+Alt+G】，创建剪贴蒙版。

步骤 05 将置入的图像调整至合适大小。创建"色彩平衡 1"调整图层，对色彩做一定的微调，完成天空背景的替换。

小提示

执行天空替换操作时，所选素材的光照角度和强度要尽量与原图像一致，这样替换后的效果才更自然。

2.2 一键替换，阴天秒变晴天

Photoshop 2021 提供的"天空替换"功能不仅可以智能识别天空部分，而且预置了大量的天空素材，让用户可以轻松完成天空的替换。本案例将利用此功能预置的天空素材将照片中的阴天背景替换为飘着朵朵白云的晴天。

素　材　案例文件 \ 02 \ 素材 \ 03.jpg

源文件　案例文件 \ 02 \ 源文件 \ 2.2_阴天变晴天.psd

步骤 01 在 Photoshop 中打开素材图像"03.jpg"，执行"编辑 > 天空替换"菜单命令。

步骤 02 打开"天空替换"对话框，单击"天空"右侧的下拉按钮，在"蓝天"素材组中选择合适的天空背景，即可在图像窗口中看到替换后的效果。

步骤 03 展开"天空调整"选项组，设置"亮度"为 53，提亮画面。

步骤 04 设置"色温"为 -55，让天空的颜色更蓝一些。

步骤 05 为了让天空素材中的云朵与画面更协调，设置"缩放"为 120，放大天空素材。然后拖动天空素材，调整其位置。最后单击"确定"按钮，完成天空的替换。

步骤 06　按住【Ctrl】键不放，单击"天空替换组"下的"天空"图层蒙版缩览图，载入天空选区。

步骤 07　执行"选择 > 反选"菜单命令或按快捷键【Ctrl+Shift+I】，反选选区，选中下方的向日葵图像。

步骤 08　打开"调整"面板，单击面板中的"曲线"按钮，在"背景"图层上方添加"曲线 1"调整图层；打开"属性"面板，在曲线上单击创建控制点并向上拖动，提亮向日葵图像。

2.3 巧用预设，呈现壮观建筑

  Photoshop 2021 的"天空替换"功能预置的天空素材除了"蓝天"，还有"盛景""日落"等，可以营造不同的氛围，为后期处理提供了很大的便利。本案例要利用"天空替换"功能预置的"日落"素材，将古堡建筑照片中的天空替换为日落时的效果，让古堡显得更加壮观。

素 材	案例文件 \ 02 \ 素材 \ 04.jpg
源文件	案例文件 \ 02 \ 源文件 \ 2.3_日落效果.psd

步骤 01 在 Photoshop 中打开素材图像"04.jpg"，执行"编辑 > 天空替换"菜单命令。

步骤 02 打开"天空替换"对话框，单击"天空"右侧的下拉按钮，在"日落"素材组中选择合适的日落素材，在图像窗口中可以看到替换后的效果。

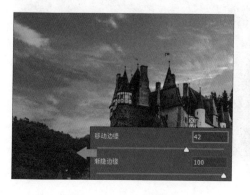

步骤 03 为让替换的天空背景与原图像中的前景衔接得更自然，向右拖动"移动边缘"滑块，使边缘向内收缩一定的距离。

步骤 04 向左拖动"渐隐边缘"滑块，让边缘变得更清晰。设置完毕后单击"确定"按钮。

步骤 05　单击"调整"面板中的"色阶"按钮，新建"色阶 1"调整图层；打开"属性"面板，在"预设"下拉列表框中选择"较暗"选项，降低画面的整体亮度。

2.4　替换天空，打造神秘古堡

本案例要利用"天空替换"功能预置的"盛景"素材，替换古堡建筑照片的天空背景，为画面增添神秘感。

素　材	案例文件\02\素材\05.jpg
源文件	案例文件\02\源文件\2.4_神秘古堡.psd

步骤 01　在 Photoshop 中打开素材图像"05.jpg"，执行"编辑 > 天空替换"菜单命令。

步骤 02　打开"天空替换"对话框，单击"天空"右侧的下拉按钮，在"盛景"素材组中选择合适的天空效果，单击"确定"按钮，即可在图像窗口中看到替换效果。

步骤 03 　按住【Ctrl】键不放，单击"天空替换组"下的"天空"图层蒙版缩览图，载入天空选区。

步骤 04 　创建"色阶 1"调整图层，打开"属性"面板。向右拖动深灰色滑块，让阴影部分变得更暗；再向左拖动白色滑块，提亮高光部分，以增强对比效果。

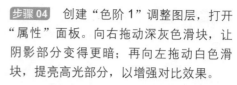

步骤 05 　单击"RGB"右侧的下拉按钮，在展开的列表中选择"红"通道。然后向右拖动浅灰色滑块，调整该通道图像的中间调色彩，加深青色。

步骤 06 　选择"画笔工具"，在工具选项栏中单击"点按可打开'画笔预设'选取器"按钮，在打开的"画笔预设"选取器中选择"柔边圆"画笔。然后设置"不透明度"为 20%，在右侧颜色较深的区域涂抹。

步骤 07 　按住【Ctrl】键不放，单击"天空替换组"下的"天空"图层蒙版缩览图，再次载入天空选区。按快捷键【Ctrl+Shift+I】，反选选区，选中天空下方的城堡部分。

步骤 08　创建"色相 / 饱和度 1"调整图层，打开"属性"面板。勾选"着色"复选框，将"色相"滑块拖动至青色位置，然后向左拖动"饱和度"滑块，降低饱和度，直到城堡部分的颜色与天空比较接近为止。

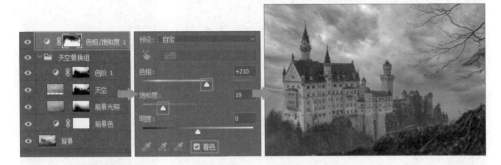

步骤 09　再次载入城堡选区，创建"曲线 1"调整图层，打开"属性"面板。在曲线中间创建控制点并向下拖动，降低所选图像的亮度。最后用"画笔工具"涂抹不需要调整的区域，还原其亮度。

2.5　自定义素材，打造迷人星空

在使用"天空替换"功能时，还可以将自定义的背景素材添加到"天空"列表用于替换。本案例以为照片添加星空背景为例进行讲解。

素　材	案例文件 \ 02 \ 素材 \ 06.jpg、07.jpg
源文件	案例文件 \ 02 \ 源文件 \ 2.5_迷人星空.psd

步骤 01 准备一张城市夜景素材图像 "06.jpg" 和一张星空素材图像 "07.jpg"。在 Photoshop 中打开城市夜景素材图像 "06.jpg"，执行 "编辑 > 天空替换" 菜单命令。

步骤 02 打开 "天空替换" 对话框，单击 "天空" 右侧的下拉按钮，在展开的列表中单击 "创建新天空" 按钮。在弹出的 "打开" 对话框中选择星空素材图像 "07.jpg"，单击 "打开" 按钮。

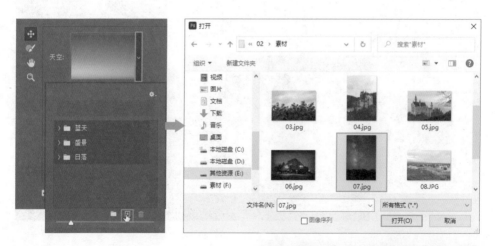

步骤 03 弹出 "天空名称" 对话框，在 "名称" 文本框中输入素材名称，如 "星空"，单击 "确定" 按钮，即可将所选素材图像添加到 "天空" 列表。

步骤 04　Photoshop 会自动将天空背景替换为新添加的"星空"素材。再将"天空调整"选项组中的"色温"设置为 25，单击"确定"按钮。

步骤 05　按住【Ctrl】键不放，在"图层"面板中单击"天空替换组"下的"天空"图层蒙版缩览图，载入天空选区。

步骤 06　新建"色彩平衡 1"调整图层，打开"属性"面板。将"青色 - 红色"滑块向红色方向拖动，将"洋红 - 绿色"滑块向洋红色方向拖动，加深红色和洋红色。

2.6　批量快速替换天空背景

前面的案例都是对单张照片进行天空替换，如果要批量替换多张照片的天空背景，可以先创建一个替换天空的动作，再利用"批处理"功能批量执行该动作。

素　材	案例文件 \ 02 \ 素材 \ 08.jpg、替换前（文件夹）
源文件	案例文件 \ 02 \ 源文件 \ 2.6_批量替换天空.psd、替换后（文件夹）

步骤 01　在 Photoshop 中打开素材图像"08.jpg"。执行"窗口 > 动作"菜单命令，打开"动作"面板，单击面板底部的"创建新动作"按钮。

步骤 02　在弹出的"新建动作"对话框中输入动作名"批量换天空"，单击"记录"按钮，开始记录动作。

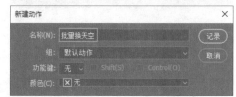

👨‍🏫 **小提示**

　　创建动作时，在"新建动作"对话框中单击"功能键"右侧的下拉按钮，在展开的列表中可以为动作指定一个快捷键。录制完动作后，按设置的快捷键，即可对打开的图像应用该动作。

步骤 03　执行"编辑 > 天空替换"菜单命令，打开"天空替换"对话框。单击"天空"右侧的下拉按钮，在"蓝天"素材组中选择合适的天空背景，即可在图像窗口中看到替换效果。

步骤 04 向右拖动"天空调整"选项组中的"亮度"滑块，提亮天空部分。单击"确定"按钮，应用调整。

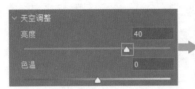

步骤 05 执行"文件 > 存储为"菜单命令，打开"另存为"对话框，选择存储位置，设置"保存类型"为"JPEG (*.JPG; *.JPEG; *.JPE)"，单击"保存"按钮。在弹出的"JPEG 选项"对话框中保留默认设置，直接单击"确定"按钮。

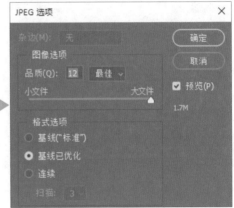

步骤 06 打开"动作"面板，单击面板底部的"停止播放/记录"按钮，停止记录动作。至此，"批量换天空"动作就创建完成了，接下来利用"批处理"功能批量执行该动作。

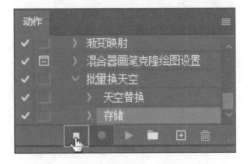

🏃 **小提示**

　　本案例创建的动作位于"默认动作"组。读者可通过添加动作组来分类管理预设动作和自建动作，方法是单击"动作"面板底部的"创建新组"按钮。

步骤 07 执行"文件 > 自动 > 批处理"菜单命令，打开"批处理"对话框。在"播放"选项组中的"组"和"动作"下拉列表框中依次选择"默认动作"动作组和"批量换天空"动作。单击"源"选项组中的"选择"按钮，打开"选取批处理文件夹"对话框，选择"替换前"文件夹，然后单击"选择文件夹"按钮。

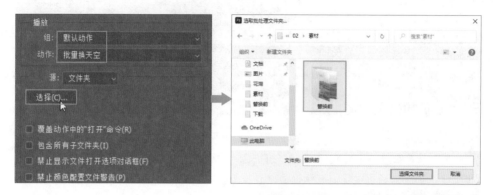

步骤 08 返回"批处理"对话框，在"目标"下拉列表框中选择"文件夹"选项。

步骤 09 单击下方的"选择"按钮，打开"选取目标文件夹"对话框，选择用于存储结果文件的文件夹，如"替换后"文件夹，然后单击"选择文件夹"按钮。

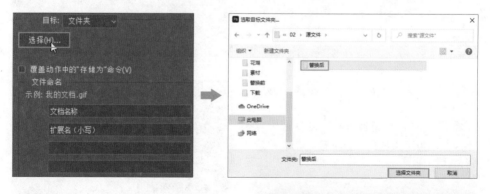

步骤 10 勾选"覆盖动作中的'存储为'命令"复选框，在弹出的"批处理"提示对话框中单击"确定"按钮。

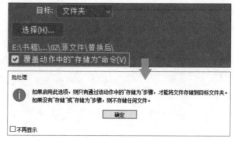

步骤 11 返回"批处理"对话框，单击"确定"按钮，Photoshop 会自动对"替换前"文件夹中的图片应用"批量换天空"动作，并将处理好的图片存储到"替换后"文件夹中。批处理完成后，打开"替换前"和"替换后"文件夹，可看到批量替换天空的对比效果。

小提示

批量处理图像要注意以下几点：如果动作中包含打开操作，需勾选"源"选项组中的"覆盖动作中的'打开'命令"复选框；如果动作中包含存储操作，那么在将"目标"设为"文件夹"选项时，需勾选"覆盖动作中的'存储为'命令"复选框。这样在批处理时，动作中的"打开"和"存储为"命令将使用"批处理"对话框中指定的文件和文件夹，而不是动作中指定的文件和文件夹。

第 3 章

精选滤镜
秒变魔术师

Adobe Sensei 是 Adobe 公司为旗下所有产品配备的智能化工具，它借助 AI 和机器学习的力量为用户带来更好的体验。Photoshop 2021 中新增的 "Neural Filters" 就是由 Adobe Sensei 提供技术支持的滤镜组，它依靠强大的云端神经网络简化繁复的图像处理操作流程，可以快速生成富有创意、真实而自然的设计效果。

3.1　一键磨皮，还原细腻皮肤

　　磨皮是指对图像中人物的皮肤部分进行去除瑕疵等处理，让皮肤看上去细腻、光滑、自然。用 Photoshop 磨皮的传统方法有很多，例如，用"修补工具"配合高斯模糊可将皮肤处理得像陶瓷一样光滑，但容易丢失细节，导致图像失真。

　　"Neural Filters"滤镜组中的"皮肤平滑度"滤镜不仅能保留皮肤的质感，而且能自动计算出皮肤的暗部区域并对其进行模糊处理，得到细腻而真实的皮肤效果。

素　材	案例文件 \ 03 \ 素材 \ 01.jpg
源文件	案例文件 \ 03 \ 源文件 \ 3.1_一键磨皮.psd

步骤 01　在 Photoshop 中打开素材图像"01.jpg"，执行"滤镜＞Neural Filters"菜单命令。

步骤 02　打开"Neural Filters"滤镜组，单击"皮肤平滑度"右侧的按钮，启用该滤镜。Photoshop 会自动计算并利用云端数据对人物图像进行磨皮。

步骤 03　如果对应用默认参数进行磨皮的效果不满意，还可以自行调整各参数。例如，如果想让皮肤变得更光滑，可以将"模糊"滑块拖动到最右侧，再将"平滑度"设置为 25，单击"确定"按钮。

步骤 04 在"图层"面板中会自动生成"图层 0"图层。按快捷键【Ctrl+Shift+Alt+E】盖印图层，得到"图层 1"图层。

步骤 05 选择"污点修复画笔工具"，单击皮肤上的瑕疵，将其去除。

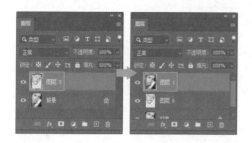

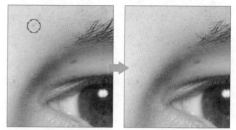

步骤 06 创建"选取颜色 1"调整图层，打开"属性"面板，选择"黄色"，在下方调整各颜色的百分比，削弱黄色，让皮肤看起来更加白皙、通透。

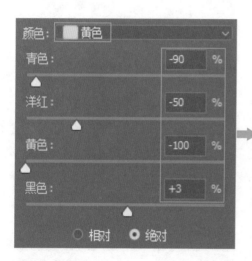

3.2 移除伪影，低画质变高画质

有时为了方便传输，我们会对图像进行压缩，但这也会导致图像产生伪影，降低了画质。"Neural Filters"滤镜组中的"移除 JPEG 伪影"滤镜可以对压缩后的图像进行智能修复，去除较明显的色块，让画质得到提升。

素 材 | 案例文件 \ 03 \ 素材 \ 02.jpg
源文件 | 案例文件 \ 03 \ 源文件 \ 3.2_移除伪影.psd

步骤 01　在 Photoshop 中打开素材图像 "02.jpg"，执行 "视图 >100%" 菜单命令，观察图像，可以看到比较明显的色块。

步骤 02　执行 "滤镜 >Neural Filters" 菜单命令，打开 "Neural Filters" 滤镜组。单击 "移除 JPEG 伪影" 右侧的按钮，启用该滤镜。Photoshop 将自动选择 "高" 强度来处理图像。

小提示

初次使用 "Neural Filters" 滤镜组时，需要先从云端下载滤镜。单击要使用的滤镜旁边显示的云图标即可下载滤镜。

步骤 03　单击 "确定" 按钮，返回图像窗口，可以看到处理后的图像已经没有较明显的色块。

3.3　去除拖影，模糊文字变清晰

"移除 JPEG 伪影"滤镜除了能处理被压缩后的低画质图像，还能去除图像中文字的拖影，让模糊的文字变清晰。

素　材	案例文件 \ 03 \ 素材 \ 03.jpg
源文件	案例文件 \ 03 \ 源文件 \ 3.3_去除拖影.psd

步骤 01　在 Photoshop 中打开素材图像 "03.jpg"。选择工具箱中的"缩放工具"，单击图像将其放大至 100%，可以看到文字周围有比较明显的拖影。

步骤 02　执行"滤镜 >Neural Filters"菜单命令，打开"Neural Filters"滤镜组。单击"移除 JPEG 伪影"右侧的按钮，启用该滤镜。Photoshop 将自动处理图像。

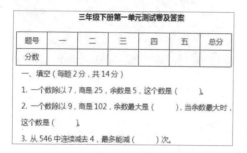

步骤 03　单击"确定"按钮，返回图像窗口，可以看到文字周围的拖影已经变得较淡了。

步骤 04　执行"滤镜 >Neural Filters"菜单命令，对图像再应用一次"移除 JPEG 伪影"滤镜，让文字变得更清晰。

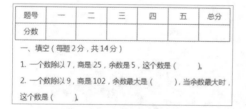

3.4　样式转换，模拟绘画作品

Photoshop 提供的传统滤镜可以将图像转换为水彩画、壁画、油画等风格的绘画作品，但操作步骤比较烦琐。

"Neural Filters"滤镜组中的"样式转换"滤镜预设了多种绘画流派的作品，用户可将这些流派的视觉风格快速套用到指定的图像上，模拟出相应的绘画作品。

素 材	案例文件 \ 03 \ 素材 \ 04.jpg、05.jpg
源文件	案例文件 \ 03 \ 源文件 \ 3.4_模拟手绘.psd

步骤 01 在 Photoshop 中打开素材图像"04.jpg"，执行"滤镜 >Neural Filters"菜单命令。

步骤 02 打开"Neural Filters"滤镜组，单击"样式转换"右侧的按钮，启用该滤镜。可以看到"样式"列表中有多种预设样式，默认为图像套用第一个样式。

步骤 03 为了让图像呈现色彩晕影效果，勾选"焦点主体"复选框。

步骤 04 设置"样式强度"为 51，降低图像透明度。

步骤 05 设置"笔刷大小"为 59，让图像的笔触纹理更自然。单击"确定"按钮，应用滤镜。

步骤 06 执行"滤镜 > 风格化 > 油画"菜单命令，打开"油画"对话框。在对话框中调整各项参数，单击"确定"按钮，增强绘画纹理，将图像转换为油画效果。

步骤 07 选择工具箱中的"裁剪工具"，取消勾选"删除裁剪的像素"复选框，然后绘制裁剪框，扩展画布范围。

步骤 08 执行"文件 > 置入嵌入对象"菜单命令，将画框素材图像"05.jpg"置入油画图层上方，得到"05"智能对象图层。

步骤 09 选择"矩形选框工具"，在置入的画框图像上绘制矩形选区，选中画框内的图像。执行"选择 > 反选"菜单命令，反选选区，选中画框和墙面部分。

步骤 10 单击"图层"面板底部的"添加图层蒙版"按钮，为"05"图层添加图层蒙版，隐藏选区外的部分，显示下方的油画图像。

3.5 丰富样式，打造潮流插画

"样式转换"滤镜除了能将图像转换为绘画作品，还能制作潮流插画。本案例要利用此滤镜快速制作一幅潮流插画风格的海报。

素　材	案例文件 \ 03 \ 素材 \ 06.jpg、07.jpg、08.png
源文件	案例文件 \ 03 \ 源文件 \ 3.5_潮流插画.psd

步骤 01　在 Photoshop 中打开素材图像"06.jpg"。按快捷键【Ctrl+F】，打开"发现"面板，单击"快速操作"选项。

步骤 02　单击"移除背景"选项，在弹出的面板中单击"套用"按钮，移除背景，抠出人物部分，得到"图层 0"图层。

步骤 03 观察图像，发现需要完善细节。单击"发现"面板中的"选择并遮住"按钮，进入"选择并遮住"工作区。

步骤 04 选择"调整边缘画笔工具"，按【[】或【]】键将画笔调整至合适的大小，涂抹手指旁的背景，优化图像边缘的抠图效果。

步骤 05 选择"快速选择工具"，在腿部和鞋子位置涂抹，恢复缺失的图像。

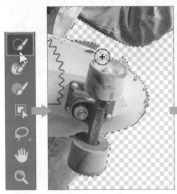

步骤 06 勾选"输出设置"选项组中的"净化颜色"复选框，在"输出到"下拉列表框中选择"新建图层"选项，单击"确定"按钮，得到"图层 0 拷贝"图层。

步骤 07　执行"滤镜 >Neural Filters"菜单命令，打开"Neural Filters"滤镜组。启用
"样式转换"滤镜，然后在"样式"列表中单击要应用的样式。在图像窗口中可以查看
应用所选样式的效果。

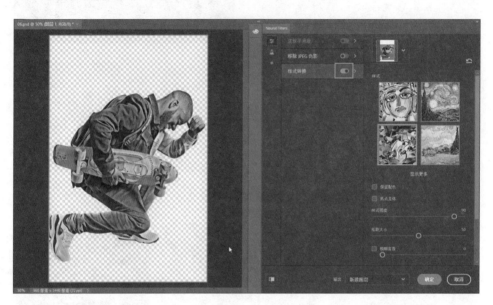

步骤 08　为增强画面的质感，向左拖动
"笔刷大小"滑块，Photoshop 将自动计
算并应用较细的笔触处理图像。处理完成
后，单击"确定"按钮，得到"图层 1"
图层。

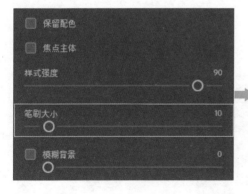

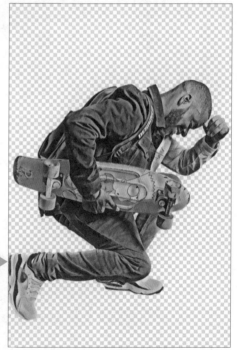

步骤 09　执行"文件 > 置入嵌入对象"菜单命令，将背景素材图像"07.jpg"置入"图层 1"图层下方。用相同的方法把文字素材图像"08.png"置入"图层 1"图层上方。根据画面适当调整置入的背景图像和文字图像的位置和大小，完成海报的制作。

3.6　智能风格，制作科幻风格海报

　　"样式转换"滤镜还提供了类似计算机数据流的科幻风格样式，本案例将利用此样式快速制作一幅科幻风格的海报。

素　材	案例文件 \ 03 \ 素材 \ 09.jpg
源文件	案例文件 \ 03 \ 源文件 \ 3.6_科幻风格海报.psd

步骤 01　在 Photoshop 中打开素材图像"09.jpg"，执行"滤镜 >Neural Filters"菜单命令，打开该滤镜组。启用"样式转换"滤镜，单击"样式"下的"显示更多"按钮，在展开的列表中单击要应用的样式。

步骤 02　单击"确定"按钮，得到"图层 0"图层，隐藏该图层。选择"磁性套索工具"，在选项栏中设置"羽化""宽度""对比度""频率"等参数，沿左侧镜片边缘拖动鼠标。

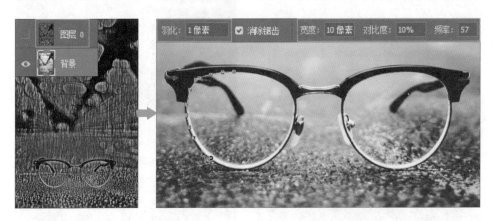

步骤 03　创建选区，选中左侧镜片。再单击选项栏中的"添加到选区"按钮，继续沿右侧镜片边缘拖动鼠标，选中右侧镜片。

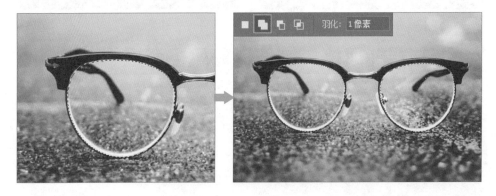

步骤 04　显示"图层 0"图层。单击"图层"面板底部的"添加图层蒙版"按钮，为"图层 0"图层添加图层蒙版，隐藏选区外的图像。

步骤 05 在"图层"面板中选中"背景"图层，按快捷键【Ctrl+J】，复制"背景"图层，得到"背景 拷贝"图层。按快捷键【Ctrl+]】，将"背景 拷贝"图层移到"图层 0"上方，设置该图层的"不透明度"为 20%，降低不透明度。

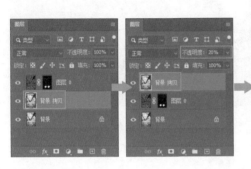

步骤 06 单击"图层"面板底部的"创建新的填充或调整图层"按钮，在弹出的菜单中选择"图案"命令，打开"图案填充"对话框。单击图案右侧的下拉按钮，在展开的列表中选择"树"素材组中的合适图案，单击"确定"按钮。

步骤 07 在"图层"面板中得到"图案填充 1"图层，将该图层的"混合模式"更改为"色相"。

步骤 08 用"横排文字工具"输入所需文字，在"字符"面板中调整文字属性。更改文字图层的"混合模式"为"线性加深"。

步骤 09　按快捷键【Ctrl+J】，复制文本图层。在"字符"面板中将"文字颜色"更改为白色，在"图层"面板中将混合模式更改为"正常"，显示白色的文字。

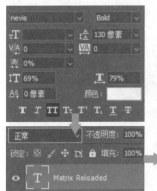

步骤 10　选中下方绿色的文本图层，执行"滤镜 > 模糊 > 动感模糊"菜单命令，在打开的对话框中设置"角度"为 0°、"距离"为 50 像素，得到模糊的文字效果。

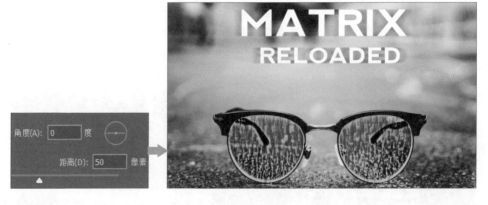

步骤 11　双击上方白色的文本图层，打开"图层样式"对话框。依次单击"外发光"和"图案叠加"样式，在展开的选项卡中设置样式选项，对文字进行修饰。

步骤 12　用"矩形工具"在画面顶部绘制一个绿色矩形，得到"矩形 1"图层，设置其"混合模式"为"正片叠底"。最后在矩形上输入所需文字，完善画面效果。

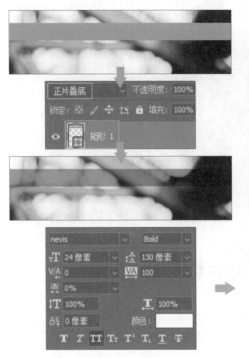

3.7　智能肖像，随心变换人物表情

"Neural Filters"滤镜组中的"智能肖像"滤镜可以根据用户选择的表情状态，运用 AI 算法从云端素材库中选择素材，替换照片中人物的局部表情。本案例将利用此滤镜将人物的表情从平静变为微笑。

素　材	案例文件 \ 03 \ 素材 \ 10.jpg
源文件	案例文件 \ 03 \ 源文件 \ 3.7_变换表情.psd

步骤 01　在 Photoshop 中打开素材图像"10.jpg"，可看到照片中人物的表情比较平静，没有流露出明显的情绪。下面利用"智能肖像"滤镜将人物的表情变为微笑。执行"滤镜 >Neural Filters"菜单命令。

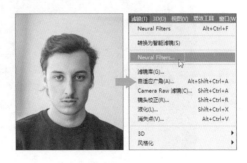

步骤 02 打开"Neural Filters"滤镜组。单击"Beta"滤镜按钮,展开"Beta"滤镜组。
单击"智能肖像"滤镜右侧的按钮,启用该滤镜。然后将"表情"下的"幸福"滑块
向右拖动,即可看到人物表情变为微笑状态。单击"确定"按钮,应用滤镜。

3.8 妆容迁移,瞬间拥有精致妆容

在传统的后期处理流程中,可以用 Photoshop 的"画笔工具"为人物面部添
加不同的色彩图层,从而实现彩妆效果。而"Neural Filters"滤镜组中的"妆容迁
移"滤镜可以将指定图像中的人物面部妆容复制到其他图像上,从而实现快速上妆。

素 材	案例文件\03\素材\11.jpg、12.jpg
源文件	案例文件\03\源文件\3.8_妆容迁移.psd

步骤 01 在 Photoshop 中打开素材图像"11.jpg"和"12.jpg"。将活动窗口切换为需
要上妆的目标图像"12.jpg",执行"滤镜>Neural Filters"菜单命令。

步骤 02　打开"Neural Filters"滤镜组。单击"Beta"滤镜按钮，展开"Beta"滤镜组。单击"妆容迁移"滤镜右侧的按钮，启用该滤镜。然后单击"选择图像"下拉按钮，在展开的列表中选择妆容的来源图像"11.jpg"。

小提示

使用"妆容迁移"滤镜时，要尽量选择脸型、表情和角度相似的素材图像，这样 Photoshop 才能准确地识别并复制妆容。

步骤 03　选择图像后，在"参考图像"下方会显示所选图像的缩览图，同时在左侧的图像窗口中可以看到妆容迁移的效果。"妆容迁移"滤镜没有更多的选项，所以这里直接单击"确定"按钮，应用滤镜，得到妆容图层"图层 0"。

步骤 04　单击"添加图层蒙版"按钮，为"图层 0"添加蒙版。选择"画笔工具"，设置前景色为黑色，在选项栏中降低画笔的不透明度，然后涂抹眉毛区域，隐藏眉毛上的彩妆。

步骤 05　人物的肤色与妆容不太协调，需进一步调整。单击"调整"面板中的"色相 / 饱和度"按钮，新建"色相 / 饱和度 1"调整图层。打开"属性"面板，向左拖动"饱和度"滑块，降低颜色的饱和度。

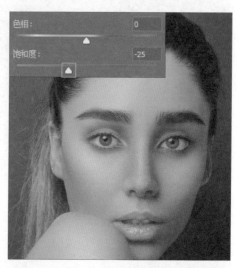

步骤 06　这里只需调整肤色，所以还要通过编辑蒙版，还原妆容的颜色。单击"色相 / 饱和度 1"调整图层的蒙版缩览图，选择"画笔工具"，设置前景色为黑色，涂抹人物的眼部和嘴唇。

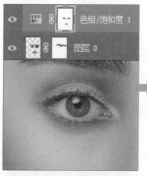

步骤 07　按住【Ctrl】键单击"色相 / 饱和度 1"调整图层的蒙版缩览图，载入选区。按快捷键【Ctrl+Shift+I】，反选选区，选中妆容部分。

步骤 08　新建"自然/饱和度 1"调整图层，打开"属性"面板，向右拖动"自然饱和度"滑块，提高妆容部分的颜色饱和度。

步骤 09　按快捷键【Ctrl+Shift+Alt+E】，盖印图层。再次载入妆容选区，执行"滤镜 > 锐化 > 智能锐化"菜单命令，在打开的对话框中调整"数量"，锐化图像。

3.9 　自动上色，旧照换新"颜"

传统的黑白照片上色流程需要叠加多个颜色图层并用画笔涂抹。本案例则要使用"Neural Filters"滤镜组中的"着色"滤镜轻松完成一键智能上色。

素　材	案例文件 \ 03 \ 素材 \ 13.jpg
源文件	案例文件 \ 03 \ 源文件 \ 3.9_自动上色.psd

步骤 01　在 Photoshop 中打开素材图像"13.jpg"。在"图层"面板中复制"背景"图层，得到"背景 拷贝"图层。执行"滤镜 > 转换为智能滤镜"菜单命令，在弹出的对话框中单击"确定"按钮，将"背景 拷贝"图层转换为智能图层。

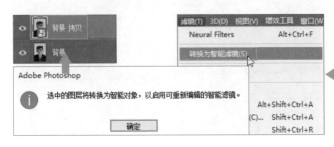

步骤 02 执行"滤镜 >Neural Filters"菜单命令，打开"Neural Filters"滤镜组。单击
"Beta"滤镜按钮，展开"Beta"滤镜组。单击"着色"滤镜右侧的按钮，启用该滤镜。
可以看到面部和衣服部分已经上了颜色。

步骤 03 为使整体颜色更协调，需要进一步调整图像。将"青色 - 红色"滑块向青色
方向拖动，增加青色。将"蓝色 - 黄色"滑块向黄色方向拖动，增加黄色。将"洋红色 -
绿色"滑块向洋红色方向拖动，增加洋红色。单击"确定"按钮，应用滤镜。

步骤 04　单击"调整"面板中的"色阶"按钮，新建"色阶 1"调整图层。打开"属性"面板，向右拖动深灰色滑块，让阴影部分变得更暗；向左拖动白色滑块，让高光部分变得更亮，从而增强明暗对比。

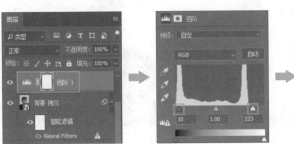

步骤 05　选择工具箱中的"对象选择工具"，绘制一个差不多框住整个画布的矩形选框，Photoshop 会自动选中框中的人物主体。按快捷键【Ctrl+Shift+I】，反选选区，选中背景。

步骤 06　新建"色阶 2"调整图层，打开"属性"面板，在通道列表中选择"蓝"通道，向左拖动白色滑块，让背景颜色变为淡蓝色。

步骤 07 按快捷键【Ctrl+Shift+Alt+E】，盖印图层，得到"图层 1"图层。在工具箱中选择"污点修复画笔工具"，涂抹背景中的瑕疵，将其去除。

步骤 08 载入背景选区，执行"滤镜 > 模糊 > 表面模糊"菜单命令，打开"表面模糊"对话框。分别设置"半径"和"阈值"为 5，模糊图像，得到较干净的背景效果。

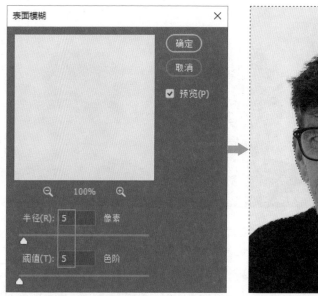 

3.10 添加焦点，精准上色黑白照片

使用"着色"滤镜为照片上色时，可以通过添加焦点并指定焦点颜色，更精准地进行上色，得到不输原片的色彩效果。

素 材	案例文件 \ 03 \ 素材 \ 14.jpg
源文件	案例文件 \ 03 \ 源文件 \ 3.10_精准上色.psd

步骤 01　在 Photoshop 中打开素材图像"14.jpg"，执行"滤镜 >Neural Filters"菜单命令。

步骤 02　打开"Neural Filters"滤镜组。单击"Beta"滤镜按钮，展开"Beta"滤镜组。单击"着色"滤镜右侧的按钮，启用该滤镜，可以看到已经对照片进行了上色。

步骤 03　因为天空部分识别得不够精准，所以部分区域没有被颜色覆盖。在焦点编辑区单击左上角的天空位置，添加一个焦点。在弹出的"拾色器（焦点颜色）"对话框中设置焦点颜色为蓝色，单击"确定"按钮。

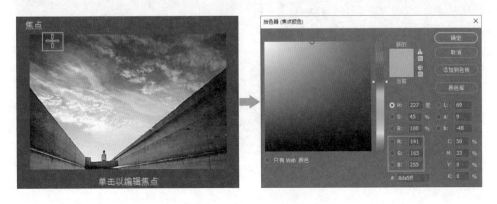

步骤 04　Photoshop 会根据用户指定的焦点自动识别上色区域，并用设置的焦点颜色覆盖识别到的上色区域。可以看到图像左侧的天空部分颜色变得更饱满，但是右侧天空的颜色显得不协调了。

小提示

　　在焦点编辑区中添加焦点后，Photoshop 会自动识别上色区域。用户不能精细调整这个上色区域，只能交由软件智能识别。用户可通过拖动焦点，观察软件识别出的上色区域的变化，从而确定焦点的最佳位置。

步骤 05　按住【Alt】键不放，拖动焦点编辑区中已添加的焦点，复制一个焦点。将复制的焦点移到右上角的天空位置，可以看到整个天空部分的颜色变得更协调了。

步骤 06　在焦点编辑区单击左下方的围墙部分，添加一个焦点。然后单击"颜色"色块，在弹出的"拾色器（焦点颜色）"对话框中指定焦点颜色，单击"确定"按钮。

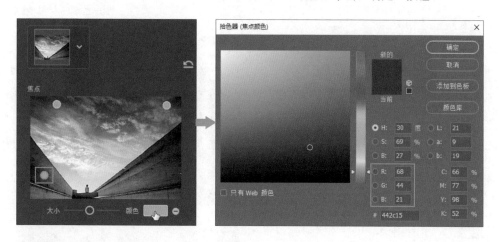

步骤 07　按住【Alt】键不放，拖动左侧围墙上已添加的焦点，复制一个焦点。将复制的焦点移到右侧的围墙上，统一两侧围墙的颜色。最后单击"确定"按钮，应用"着色"滤镜，完成黑白照片的上色。

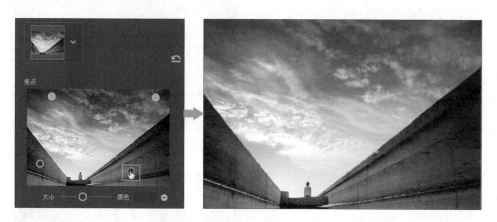

3.11　超级缩放，自动填充像素点

如果素材图像的分辨率较低，放大后会模糊不清，无法满足设计需求。这时可以使用"Neural Filters"滤镜组中的"超级缩放"滤镜来放大图像。该滤镜会通过智能运算，自动为图像填充不足的像素点，使放大后的图像尽量保持清晰。

素　材　案例文件 \ 03 \ 素材 \ 15.jpg

源文件　案例文件 \ 03 \ 源文件 \ 3.11_超级缩放.psd

步骤 01 　在 Photoshop 中打开素材图像"15.jpg"。执行"图像 > 图像大小"菜单命令，打开"图像大小"对话框，可以看到该图像的宽度、高度和分辨率。

步骤 02 　素材图像的尺寸不大，分辨率也不高，如果使用"图像大小"对话框放大图像，很容易让图像变模糊。单击"取消"按钮，关闭"图像大小"对话框。执行"滤镜 >Neural Filters"菜单命令，打开"Neural Filters"滤镜组。单击"Beta"滤镜按钮，在展开的"Beta"滤镜组中单击"超级缩放"右侧的按钮，启用该滤镜。

步骤 03 　单击"放大镜"按钮放大图像。每单击一次图像就放大一倍。这里为避免图像因过度放大而失真，只单击一次。

小提示

　　"超级缩放"滤镜在放大图像时不会调整画布大小，超出画布的图像会被裁剪。如果要放大整个图像，可先执行"图像 > 画布大小"菜单命令，在打开的"画布大小"对话框中把画布扩展到想要的尺寸，再应用"超级缩放"滤镜。

步骤 04　因为这里只需要使用脸部图像，所以拖动预览区中的图像直到要使用的脸部图像都出现在画布中。此时左侧的图像窗口将显示放大后的效果。

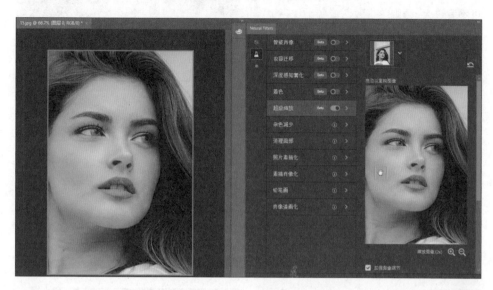

步骤 05　勾选"移除 JPEG 伪影"复选框，优化放大后的图像，让皮肤看起来更加干净、光滑。

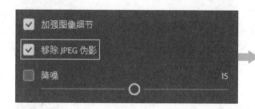

步骤 06　勾选"降噪"复选框，并拖动下方的滑块，设置其值为 3。"降噪"值不宜过大，否则易出现色块，损失较多的细节。

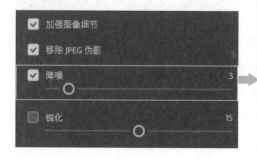

步骤 07 勾选"锐化"复选框，并拖动下方的滑块，设置其值为2。"锐化"值也不宜过大，否则会导致图像中出现亮边。

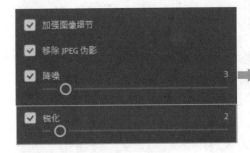

步骤 08 勾选"加强面部细节"复选框。在左侧的图像窗口中查看效果，确认满意后单击"确定"按钮，应用滤镜。

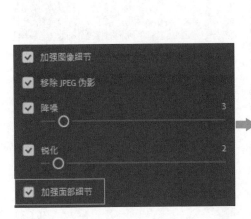

第 4 章

批处理
让编辑流程自动化

在 2.6 节中初步接触了 Photoshop 的动作和"批处理"命令。动作一般是指对单个文件执行的一系列操作，而"批处理"命令则用于对多个文件执行一个指定动作，从而批量完成图像的处理。此外，Photoshop 还提供智能对象链接、图像处理器、将图层导出到文件、导出 PDF 演示文稿等帮助用户实现图像编辑流程自动化的功能。本章将通过具体案例详细讲解这些功能。

4.1 应用动作，一键调出复古色调

　　将照片调整为棕褐色调可以让作品流露出复古气息。如果手动操作，需要创建色彩调整图层或叠加多层色彩填充图层，步骤比较烦琐。本案例将利用 Photoshop 的"动作"面板中预设的"棕褐色调"动作，一键调出复古色调。

素　材	案例文件 \ 04 \ 素材 \ 01.jpg
源文件	案例文件 \ 04 \ 源文件 \ 4.1_复古色调.psd

步骤 01　在 Photoshop 中打开素材图像"01.jpg"。执行"编辑 > 天空替换"菜单命令，打开"天空替换"对话框，在"盛景"素材组中选择合适的天空素材，单击"确定"按钮，替换天空。

步骤 02　在"图层"面板中得到"天空替换组"图层组。按快捷键【Ctrl+Alt+E】,盖印图层，得到"图层 1"图层。

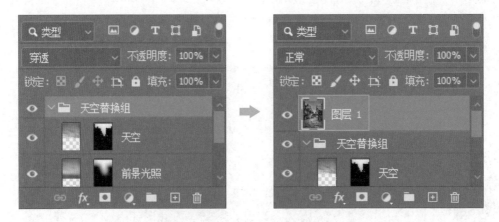

步骤 03　执行"窗口 > 动作"菜单命令，打开"动作"面板。选中"默认动作"动作组下的"棕褐色调（图层）"动作，单击"播放选定的动作"按钮，播放动作，将图像转换为棕褐色调。

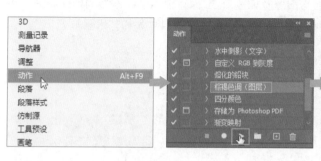 

步骤 04　执行"滤镜 > Camera Raw 滤镜"菜单命令，打开"Camera Raw"对话框。展开"细节"选项组，设置"锐化"为 50，让图像变得更清晰。

步骤 05　展开"效果"选项组，设置"颗粒"为 20、"晕影"为 -55，为图像添加晕影，突出视觉中心。最后单击"确定"按钮，应用滤镜。

<table>
<tr><td>4.2</td><td>巧用预设，快速添加艺术画框</td></tr>
</table>

3.4 节的案例通过抠图将处理好的图像嵌入画框素材。这种处理方式需要自己
准备画框素材，有时还要对画框图像做调色处理，操作很烦琐。本案例则要利用"动
作"面板中预设的"木质画框 - 50 像素"动作快速为照片添加艺术画框。

素　材	案例文件 \ 04 \ 素材 \ 02.jpg
源文件	案例文件 \ 04 \ 源文件 \ 4.2_艺术画框.psd

步骤 01 在 Photoshop 中打开素材图像
"02.jpg"。按快捷键【Ctrl+J】复制图层，
得到"图层 1"图层。执行"图层 > 智能
对象 > 转换为智能对象"菜单命令，将图
层转换为智能对象。

步骤 02 执行"滤镜 > 风格化 > 油画"菜单命令，打开"油画"对话框。在对话框中
调整各个选项后，单击"确定"按钮。

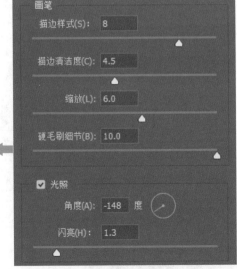

步骤 03 执行"滤镜 > 锐化 > USM 锐化"菜单命令，打开"USM 锐化"对话框，设置"数量""半径""阈值"选项，单击"确定"按钮，应用滤镜锐化图像，增强图像的纹理质感。

步骤 04 在"动作"面板中选中"默认动作"动作组中的"木质画框 -50 像素"动作，单击"播放选定的动作"按钮，播放动作。在弹出的对话框中单击"继续"按钮。

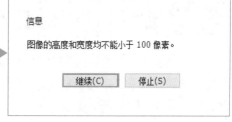

步骤 05 当动作播放完毕，会在"图层"面板中生成"frame"图层，可看到在图像边缘添加了木质画框。

步骤 06 为突出画框部分，需要继续对其进行调色。按住【Ctrl】键不放，单击"frame"图层的缩览图，载入图层选区。

步骤07　新建"色彩平衡1"调整图层，打开"属性"面板，将"青色-红色"滑块向红色方向拖动，将"黄色-蓝色"滑块向黄色方向拖动，增加红色和黄色。

4.3　自定义 RGB 到灰度，打造高饱和黑白艺术照

有时为了突出作品的主题或增加画面的视觉冲击力，需要将照片转换为黑白效果。为得到更有层次感的黑白照片，可利用"动作"面板中预设的"自定义 RGB 到灰度"动作。该动作主要通过颜色模式转换和"通道混合器"达到目的，并且允许用户根据照片的实际情况调整参数，从而控制画面的明暗变化。

素　材　案例文件 \ 04 \ 素材 \ 03.jpg
源文件　案例文件 \ 04 \ 源文件 \ 4.3_黑白艺术照.psd

步骤01　在 Photoshop 中打开素材图像"03.jpg"。执行"滤镜 >Neural Filters"菜单命令，打开"Neural Filters"滤镜组。单击"皮肤平滑度"右侧的按钮，启用该滤镜。设置"模糊"为100、"平滑度"为50，对人物图像进行快速磨皮。

步骤 02 生成"图层 0"图层。按快捷键【Ctrl+E】，向下合并图像。选择"污点修复画笔工具"，按【[】或【]】键，将画笔笔触调整至合适的大小，在人物脸部的瑕疵上单击或涂抹，将瑕疵去除，让皮肤看起来更加光滑、细腻。

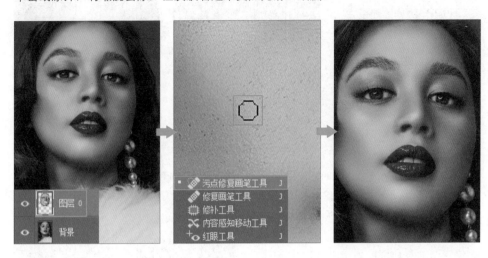

步骤 03 在"动作"面板中选中"默认动作"动作组中的"自定义 RGB 到灰度"动作，单击"播放选定的动作"按钮，播放动作。随后会弹出"通道混合器"对话框，为增强明暗对比，调整"红色"和"蓝色"通道值。单击"确定"按钮，将图像转换为黑白效果。

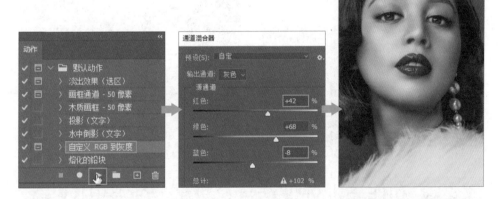

步骤 04 观察转换后的图像，发现画面偏暗，导致皮肤显得有些脏，需要将图像提亮。执行"图像 > 模式 > RGB颜色"菜单命令，将图像转换回 RGB 颜色模式。

步骤 05 新建"曲线 1"调整图层,打开"属性"面板,在面板中拖动曲线,调整中间调和高光部分的亮度。

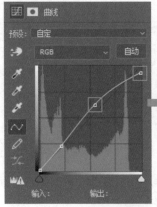

步骤 06 按快捷键【Ctrl+Alt+E】,盖印图层。执行"滤镜 > 锐化 > USM 锐化"菜单命令,打开"USM 锐化"对话框。在对话框中为"数量""半径""阈值"选项设置合适的参数值,单击"确定"按钮,锐化图像,得到更清晰的画面。

4.4 动作与批处理结合,批量转换黑白效果

上一个案例介绍了如何将单张照片转换为黑白效果。本案例则要结合使用动作与"批处理"命令,将多张图像批量转换为黑白效果。

| 素 材 | 案例文件 \ 04 \ 素材 \ 04(文件夹) |
| 源文件 | 案例文件 \ 04 \ 源文件 \ 4.4_批量转换黑白效果(文件夹) |

步骤 01　打开需要批量转换为黑白效果的素材图像所在的文件夹，可以看到转换前的图像效果。在 Photoshop 中执行"文件 > 自动 > 批处理"菜单命令。

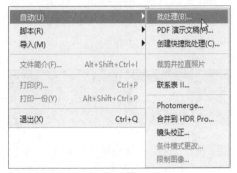

步骤 02　打开"批处理"对话框，此时"组"下拉列表框中已选中"默认动作"动作组，所以只需在"动作"下拉列表框中选择"自定义 RGB 到灰度"动作。

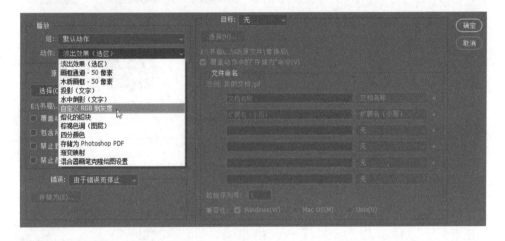

步骤 03　在"源"选项组中单击"选择"按钮，打开"选取批处理文件夹"对话框，在对话框中选择要处理的素材图像所在的文件夹，单击"选择文件夹"按钮。

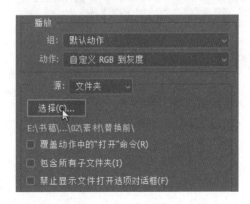

步骤 04 在"目标"下拉列表框中选择"文件夹"选项。然后单击"选择"按钮，打开"选取目标文件夹"对话框。在对话框中选择批处理后存储图像的文件夹，单击"选择文件夹"按钮。

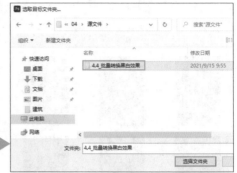

步骤 05 返回"批处理"对话框，单击"确定"按钮，Photoshop 开始批量处理素材文件夹中的图像。处理每张图像时都会弹出"通道混合器"对话框。可以拖动通道滑块调整参数，如果无须调整，则直接单击"确定"按钮。处理完成后，在指定的目标文件夹中可以看到转换后的图像效果。

📢 小提示

应用预设的"自定义 RGB 到灰度"动作批量转换黑白图像时，每当执行到"通道混合器"操作时，都会弹出"通道混合器"对话框。如果不想要弹出该对话框，可在"动作"面板中展开"自定义 RGB 到灰度"动作，单击"通道混合器"操作前的"切换对话开 / 关"图标，关闭手动控制模式。

4.5 智能对象链接，批量替换商品图像

为网店制作商品详情页时，常常会对不同商品的详情页套用相同的模板。以服装网店为例，假设已经制作好了一个详情页模板，现在想要通过更换模板中的商品图像，制作出多种款式衣服的详情页，有没有办法快速完成呢？

本案例就来介绍一种通过智能对象链接快速替换模板中图像的方法。其主要原理是在套用模板时将商品图像文件以"链接的智能对象"的方式置入模板，需要替换图像时，用其他图像文件覆盖原先链接的图像文件，此时模板中的图像也会自动更新。

素　材	案例文件 \ 04 \ 素材 \ 05.psd，06（文件夹）、07（文件夹）
源文件	案例文件 \ 04 \ 源文件 \ 4.5_第一款衣服.psd、4.5_第二款衣服.psd

步骤 01　为实现文档中链接智能对象的自动更新，首先需要进行一定的设置。执行"文件 > 首选项 > 常规"菜单命令，打开"首选项"对话框，展开"常规"选项卡，勾选"自动更新打开的基于文件的文档"复选框，单击"确定"按钮。

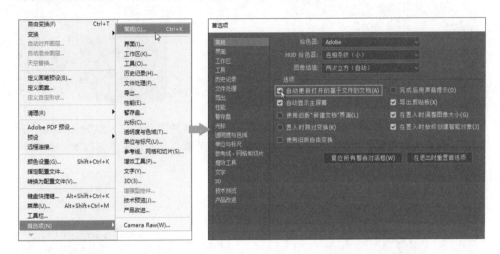

步骤 02　打开页面布局模板"05.psd"，可以看到已经设计好各个展示区，下面在其中添加商品图像，制作第一款衣服的详情页。在"图层"面板中展开"展示"图层组，选中该图层组下的"矩形 1"图层。

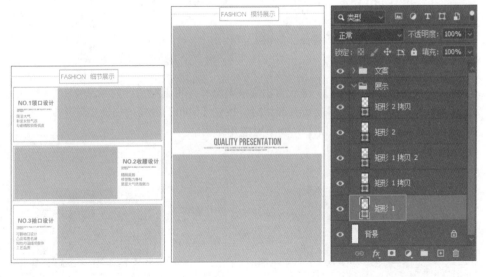

步骤 03　执行"文件 > 置入链接的智能对象"菜单命令，打开"置入链接的对象"对话框，进入第一款衣服的商品图像文件夹"06"，选中"细节 1.jpg"，单击"置入"按钮，

79

将所选图像置入文档，在"矩形 1"图层上方得到"细节 1"图层。

步骤 04　用"移动工具"移动商品图像，让图像中衣服的领口部位大致位于页面中领口设计展示区的位置。执行"图层 > 创建剪贴蒙版"菜单命令或按快捷键【Ctrl+Alt+G】，创建剪贴蒙版，将图像置入矩形内。

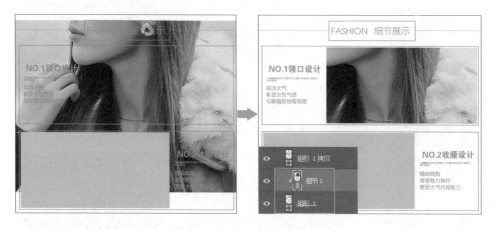

步骤 05　按快捷键【Ctrl+T】，显示自由变换编辑框。将鼠标指针放在图像任意一角的控制手柄上，当指针变为双向箭头形状时，按住【Shift】键向内拖动控制手柄，将图像缩小至合适的大小，然后按【Enter】键应用缩放。

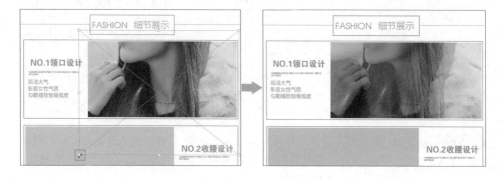

步骤 06　在"图层"面板中选中"矩形 1 拷贝"图层，执行"文件 > 置入链接的智能对象"菜单命令，将商品图像"细节 2.jpg"置入文档，在"矩形 1 拷贝"图层上方得到"细节 2"图层。按快捷键【Ctrl+T】，显示自由变换编辑框，按住【Shift】键向内拖动图像任意一角的控制手柄，适当缩小图像，并将图像移动到收腰设计展示区的位置。

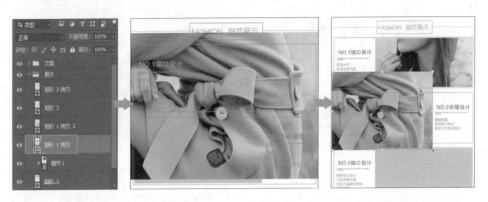

步骤 07　执行"图层 > 创建剪贴蒙版"菜单命令或按快捷键【Ctrl+Alt+G】，创建剪贴蒙版，将图像置入对应的矩形内。

步骤 08　继续用相同的方法将其余商品图像置入文档并移动到对应的展示区。将这些图像缩放至合适的大小后，通过创建剪贴蒙版将图像置入矩形内，完成商品图像的添加。

步骤 09　执行"文件 > 存储为"菜单命令，打开"另存为"对话框。在对话框中指定存储位置，然后输入文件名，选择保存类型为"Photoshop(*.PSD;*.PDD;*.PSDT)"，单击"保存"按钮，在弹出的"Photoshop 格式选项"对话框中单击"确定"按钮，将编辑好的文档存储为 PSD 格式文件。

🔊 小提示

　　制作第二款衣服的详情页时，要用新图像直接覆盖原来的链接图像。建议在操作之前先将第一款衣服详情页的 PSD 文件和对应的链接图像复制到另一个文件夹。

步骤 10　接下来制作第二款衣服的详情页。打开第二款衣服的商品图像文件夹"07"，然后将其中的图像重命名为与已链接图像相同的名称。例如，用于展示第一款衣服领口设计的图像是"细节 1.jpg"，那么也将用于展示第二款衣服领口设计的图像重命名为"细节 1.jpg"。选中图像文件后按快捷键【F2】，然后输入新的名称，按【Enter】键确认。

步骤 11　将所有图像都重命名后，按快捷键【Ctrl+A】，全选图像，再按快捷键【Ctrl+C】，复制选中的图像。

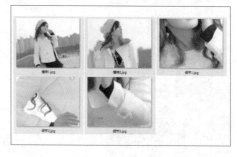

步骤 12　打开已链接图像的文件夹"06"，按快捷键【Ctrl+V】，粘贴上一步复制的图像。因为粘贴的图像与当前文件夹中的图像重名，所以会弹出"替换或跳过文件"对话框。单击对话框中的"替换目标中的文件"选项，用新的图像覆盖当前文件夹中的图像。

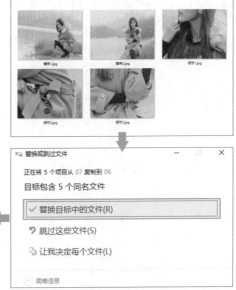

步骤 13　返回 Photoshop，可看到文档中链接的图像全部自动更新为第二款衣服的图像。

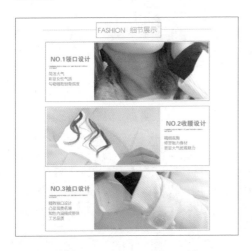

4.6　图像处理器，批量更改图像的格式与尺寸

　　转换格式与调整尺寸是图像处理中相当常见的操作。本案例要应用 Photoshop 中的"图像处理器"功能批量更改多张图像的格式与尺寸，从而提高工作效率。

素　材	案例文件 \ 04 \ 素材 \ 08（文件夹）
源文件	案例文件 \ 04 \ 源文件 \ 4.6_批量更改格式与尺寸（文件夹）

步骤 01 打开素材文件夹 "08"，可以看到素材图像是数码相机拍摄的 **ORF** 格式原始照片，现在需要将它们转换为比较常用的 **JPEG** 和 **TIFF** 格式，以便于浏览和网络传输。在 Photoshop 中执行 "文件 > 脚本 > 图像处理器" 菜单命令。

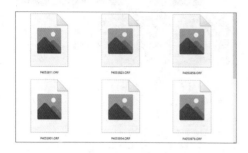

步骤 02 打开 "图像处理器" 对话框，在对话框中首先选择要处理的图像所在的文件夹。在 "选择要处理的图像" 选项组中单击 "选择文件夹" 按钮，打开 "选取源文件夹" 对话框，在对话框中选择文件夹 "08"，再单击 "选择文件夹" 按钮。

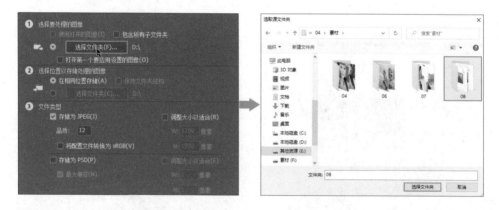

步骤 03 接着设置转换后图像的存储位置。在 "选择位置以存储处理的图像" 选项组中单击 "选择文件夹" 按钮左侧的单选按钮，激活该按钮。然后单击 "选择文件夹" 按钮，在弹出的 "选取目标文件夹" 对话框中选择合适的文件夹，再单击 "选择文件夹" 按钮。

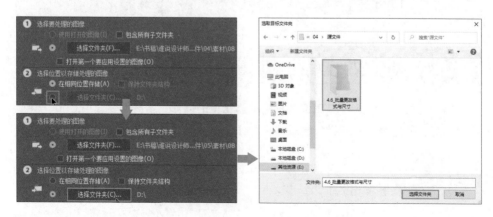

步骤 04 现在设置文件格式。默认已勾选"存储为 JPEG"复选框，所以只需再勾选右侧的"调整大小以适合"复选框，然后在下方的"W"和"H"文本框中输入数值，限定输出图像的最大宽度和最大高度。接着勾选"存储为 TIFF"复选框和"调整大小以适合"复选框，然后设置输出图像的最大宽度和最大高度。

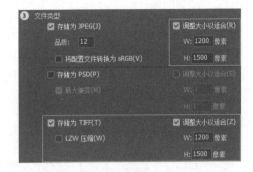

步骤 05 设置完成后，单击"图像处理器"对话框中的"运行"按钮，Photoshop 就会根据指定的格式及限定的宽度和高度对图像进行转换。转换完毕后，在指定的目标文件夹中会自动生成"JPEG"和"TIFF"两个文件夹，分别用于存储转换后不同格式的文件。

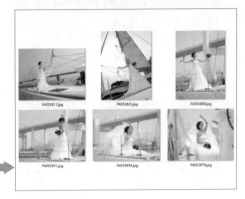

4.7 将图层导出到文件，批量导出多个图层素材

在编辑图像时，有时需要将文件中的图层导出成文件，以便单独使用。如果文件中的图层较少，可以逐个导出，但是如果图层比较多，逐个导出就比较费时费力了。本案例将讲解如何应用 Photoshop 中的"将图层导出到文件"命令批量导出文件中的多个图层。

素 材	案例文件 \ 04 \ 素材 \ 09.psd
源文件	案例文件 \ 04 \ 源文件 \ 4.7_批量导出图层（文件夹）

步骤 01 在 Photoshop 中打开需要导出图层的文件"09.psd"。因为这里不需要导出"背景"图层，所以单击"背景"图层前的眼睛图标，隐藏该图层。

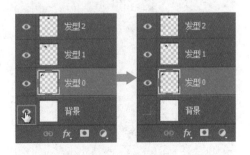

步骤 02 执行"文件 > 导出 > 将图层导出到文件"菜单命令,打开"将图层导出到文件"对话框,单击"目标"下方的"浏览"按钮。

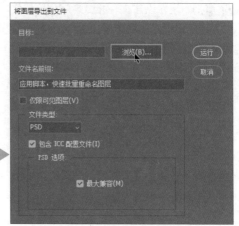

步骤 03 打开"选择目标"对话框,在对话框中选中用于存储导出文件的目标文件夹,单击"确定"按钮。如果导出之前没有创建目标文件夹,可以单击对话框上方的"新建文件夹"按钮,快速创建一个目标文件夹。

步骤 04 返回"将图层导出到文件"对话框,在对话框中可以重新设置导出文件的文件名前缀,这里输入"男士"。因为前面已隐藏了不需要导出的"背景"图层,所以这里勾选"仅限可见图层"复选框,仅导出可见图层。接着设置导出文件的格式,在"文件类型"下拉列表框中选择"PNG-8"选项,将图层导出为 PNG 格式文件。

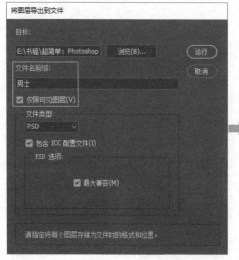

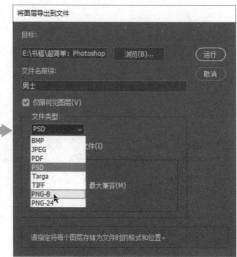

步骤 05 设置完成后，单击"运行"按钮，Photoshop 就会将文件中的所有图层依次导出成一个个文件。

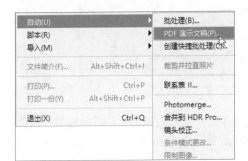

小提示

导出图层的另一种方法是在"图层"面板中选中并右击图层，在弹出的快捷菜单中单击"快速导出为 PNG"或"导出为"命令。如果用这种方法导出图层组，会将组中的图层合并导出成一个文件，而不会分别导出每个图层。如果想要分别导出每个图层，可选中图层组，按快捷键【Ctrl+Shift+G】取消编组，再执行导出操作。

4.8　批量输出 PDF，轻松打造作品集

使用 Photoshop 完成一批作品的设计后，可以利用"PDF 演示文稿"功能轻松打造作品集，无论是供自己查阅，还是作为成果展示，都是非常实用的。本案例就来讲解具体的方法。

素　材	案例文件 \ 04 \ 素材 \ 10（文件夹）
源文件	案例文件 \ 04 \ 源文件 \ 4.8_PDF作品集.pdf

步骤 01 将需要制作合集的作品放在一个文件夹中。在 Photoshop 中执行"文件 > 自动 > PDF 演示文稿"菜单命令，打开"PDF 演示文稿"对话框，单击"浏览"按钮。

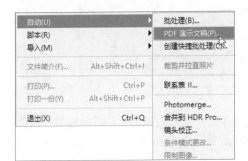

步骤 02 在弹出的"打开"对话框中进入作品文件夹,这里为"10"。然后按快捷键【Ctrl+A】,选中文件夹中的所有 PSD 文件,单击"打开"按钮,返回"PDF 演示文稿"对话框。此时在"源文件"下方会显示已添加的文件。如果在列表中有不需要的文件,可以选中文件后单击"移去"按钮,将其从列表中移除。

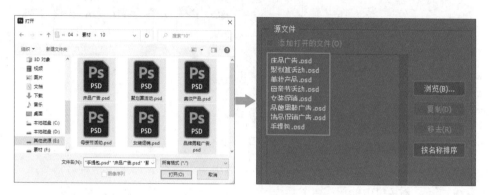

小提示

"PDF 演示文稿"命令会将多个图像合并到一个 PDF 文件中。如果想要将每张图像都单独生成一个 PDF 文件,可以结合"动作"面板和"存储为"菜单命令,录制一个存储的动作,然后通过"批处理"命令对多张图像播放录制的动作。

步骤 03 添加了文件后,在对话框右侧可以设置输出选项,如是否需要在导出的文件中包含文件名、标题、作者等信息。这里直接应用默认设置,单击右上角的"存储"按钮。随后会弹出"另存为"对话框,在对话框中指定 PDF 文件的存储位置,并设置文件名,然后单击"保存"按钮。

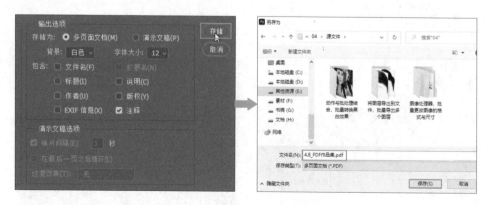

步骤 04 打开"存储 Adobe PDF"对话框,单击对话框左侧的"压缩"标签,展开"压缩"选项卡,在选项卡中指定 PDF 文件中图像的分辨率、压缩方式、品质等参数。

图像品质越高，PDF 文件占用的存储空间就越大。本案例对图像品质要求不是很高，因此在"图像品质"下拉列表框中选择"中"选项。

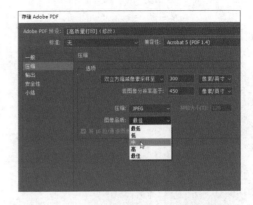

步骤 05 设置后单击对话框下方的"存储 PDF"按钮，开始导出。导出完毕后，在目标文件夹中可看到创建的 PDF 文件，打开该文件就能查看导出的作品集效果。

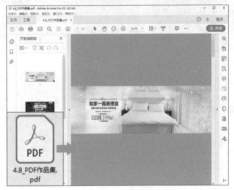

第5章

录制动作
自定义批处理流程

第4章主要应用的是"动作"面板中的预设动作。本章则要讲解如何根据实际工作需求录制自定义动作，并与"批处理"命令相结合，更加灵活地完成图像的批量处理工作。

5.1　选择主体，批量更换背景

不同用途的证件照对背景颜色有不同的要求，如果能够为一批证件照统一更换背景颜色，就可以避免重新拍摄的麻烦。

本案例要在 Photoshop 中录制一个动作，通过选择主体的方式选中照片中的人物主体，再重新设置背景颜色，然后利用"批处理"命令对一批照片播放录制的动作，实现批量更换照片背景。

素　材	案例文件 \ 05 \ 素材 \ 批量换背景-前（文件夹）
源文件	案例文件 \ 05 \ 源文件 \ 5.1_批量换背景.psd、批量换背景-后（文件夹）

步骤 01　打开本案例的素材文件夹，可以看到其中的图像虽然都是纯色背景，但是背景颜色不统一，现在要将背景颜色统一设置为白色。

步骤 02　用 Photoshop 打开本案例素材文件夹中的"01.jpg"。执行"窗口 > 动作"菜单命令，打开"动作"面板。下面在面板中创建一个动作组，用于存储和管理自定义动作。单击面板底部的"创建新组"按钮。

步骤03 打开"新建组"对话框,在"名称"文本框中输入组名"自定义动作",单击"确定"按钮,在面板中生成"自定义动作"动作组。

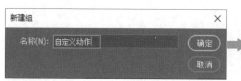

步骤04 接下来在新建的动作组中创建动作。单击"动作"面板底部的"创建新动作"按钮,打开"新建动作"对话框,在"名称"文本框中输入动作名称"批量换背景",单击"记录"按钮,创建并记录新动作。

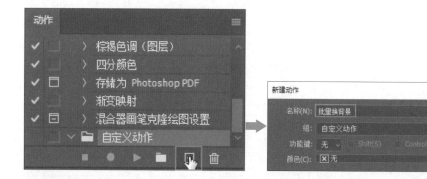

步骤05 执行"选择 > 主体"菜单命令,自动识别并选中人物主体。然后按快捷键【Ctrl+Alt+R】,进入"选择并遮住"工作区。为便于观察图像边缘的抠图效果是否准确,需要调整视图模式。在"视图"下拉列表框中选择"黑底"视图,再将"不透明度"滑块拖动至最右侧,以便能清楚地看到图像边缘的细节。

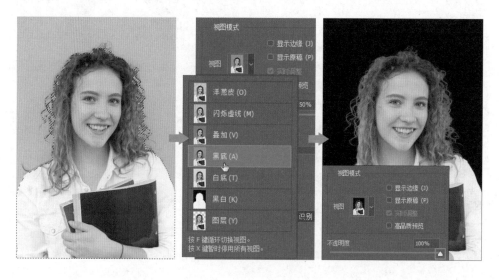

步骤 06　在"边缘检测"选项组中勾选"智能半径"复选框，自动识别图像边缘，再将"半径"设置为一个较大的值，以精准识别更多边缘细节。

步骤 07　在"输出设置"选项组中勾选"净化颜色"复选框，再设置"数量"为最大值，统一边缘色彩。设置"输出到"为"新建带有图层蒙版的图层"。

小提示

　　"选择并遮住"工作区提供了多种输出方式，如"选区""图层蒙版""新建图层""新建带有图层蒙版的图层"等。如果不确定选择的区域是否准确，一般建议选择"图层蒙版"或"新建带有图层蒙版的图层"，以便能随时对选择的对象做进一步的编辑。

步骤 08　设置完成后，单击"确定"按钮，在"图层"面板中得到"背景 拷贝"图层，软件会根据设置的选区边缘添加图层蒙版，抠出人物主体。

步骤 09　单击"图层"面板底部的"创建新的填充或调整图层"按钮，因为需要为抠出的图像设置白色背景，所以在弹出的菜单中单击"纯色"选项。

步骤 10　在弹出的"拾色器（纯色）"对话框中设置
填充色为白色（R255、G255、B255），单击"确定"
按钮，创建"颜色填充 1"图层。按快捷键【Ctrl+[】，
将"颜色填充 1"图层向下移一层，为人物主体设置
白色背景。

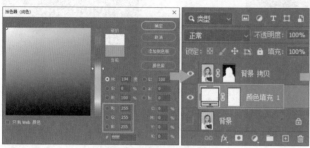

步骤 11　最后保存处理好的图像。执行"文件 > 存储为"菜单命令，在弹出的"另存为"
对话框中指定存储位置，为方便查看处理效果，设置"保存类型"为"JPEG (*.JPG;
*.JPEG; *.JPE)"，单击"保存"按钮，弹出"JPEG 选项"对话框，这里不做修改，
直接单击"确定"按钮，存储处理好的图像。

步骤 12　单击"动作"面板底部的"停止播放 / 记录"按钮，停止记录动作。

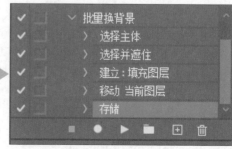

步骤 13　执行"文件 > 自动 > 批处理"菜单命令，打开"批处理"对话框，在"播放"选项组的"组"下拉列表框中选择前面创建的"自定义动作"动作组。因为此时该动作组中只有一个动作"批量换背景"，所以"动作"下拉列表框中会自动选中该动作。

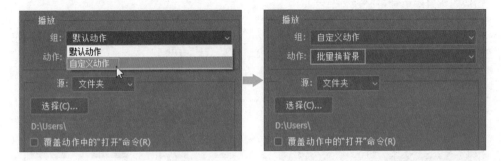

步骤 14　接着指定要批量处理的图像所在的文件夹。单击"源"选项组中的"选择"按钮，打开"选取批处理文件夹"对话框，选中本案例的素材文件夹，单击"选择文件夹"按钮。

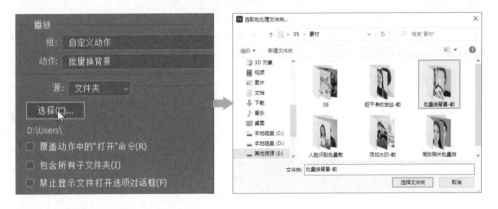

步骤 15　然后指定处理后图像的存储位置。在"目标"下拉列表框中选择"文件夹"选项，单击下方的"选择"按钮，打开"选取目标文件夹"对话框，选中批处理后存储图像的文件夹，单击"选择文件夹"按钮。

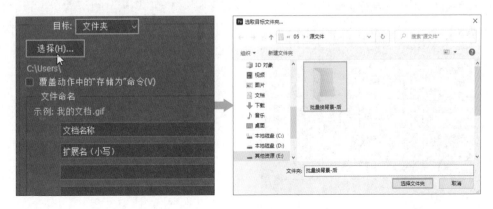

步骤 16 勾选"覆盖动作中的'存储为'命令"复选框，以忽略动作中存储操作使用的文件夹，将图像存储到本对话框中指定的文件夹。单击"确定"按钮，Photoshop就会开始批量处理素材文件夹中的图像。处理完毕后打开目标文件夹，可以看到所有图像的背景颜色都被替换为白色。

5.2 半自动处理，批量精细抠图

对于边缘细节较复杂或有镂空部分的图像，如果使用上一个案例的全自动方式来抠图，效果往往会不理想。为了既能用批处理提升工作效率，又能保证抠图精度，可以使用半自动方式抠图，即在录制完动作后，为需要人工介入的步骤开启手动操作模式。

素 材	案例文件 \ 05 \ 素材 \ 精细抠图-前（文件夹）
源文件	案例文件 \ 05 \ 源文件 \ 5.2_批量精细抠图.psd、精细抠图-后（文件夹）

步骤 01 用 Photoshop 打开本案例素材文件夹中的"01.jpg"，可以看到人物的发丝中间有镂空的区域，这种图像需要用半自动方式抠取。打开"动作"面板，选中"自定义动作"动作组，然后单击面板底部的"创建新动作"按钮。

步骤 02　在弹出的"新建动作"对话框中输入动作名称"批量抠取清晰图像"，单击"记录"按钮，创建新动作。此时，"动作"面板底部的"开始记录"按钮显示为红色，表示正在记录动作。

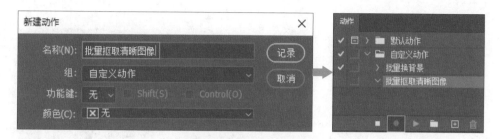

步骤 03　执行"选择 > 主体"菜单命令，Photoshop会自动识别主体对象并创建选区，选中人物主体。可以看到有部分发丝未被选中，在批处理过程中需要进行手动处理。

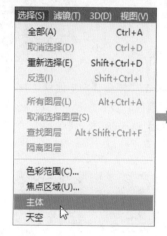

步骤 04　按快捷键【Ctrl+Alt+R】，进入"选择并遮住"工作区。勾选"净化颜色"复选框，统一边缘颜色，单击"确定"按钮。

步骤 05　创建"颜色填充 1"图层，将填充色设置为 R67、G65、B222，为人物图像填充新的背景颜色。

步骤 06 执行"文件 > 存储为"菜单命令，打开"另存为"对话框，在对话框中指定文件名和文件格式，单击"保存"按钮。因为这里选择的文件格式为 JPEG，所以会弹出"JPEG 选项"对话框，将"品质"设置为"最佳"，单击"确定"按钮，保存图像。

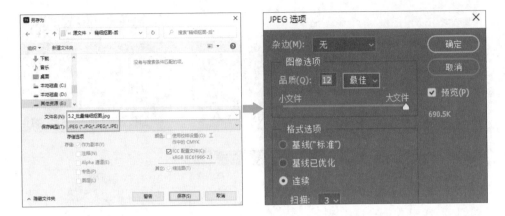

步骤 07 在"图层"面板中单击"停止播放 / 记录"按钮，停止记录动作。查看动作中记录的步骤，单击"选择并遮住"步骤左侧的"切换对话开 / 关"图标，为该步骤开启手动操作模式。当动作执行到这一步时，将会打开"选择并遮住"工作区，让用户进行手动编辑。

步骤 08 执行"文件 > 自动 > 批处理"菜单命令，打开"批处理"对话框。默认选中新创建的动作，只需要分别选择源文件夹和目标文件夹，并勾选"覆盖动作中的'存储为'命令"复选框，单击"确定"按钮。

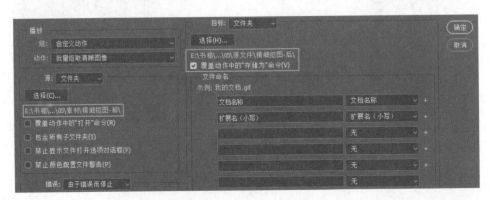

步骤 09 Photoshop 开始自动对源文件夹中的图像应用动作。当执行到"选择并遮住"这一步时，会打开"选择并遮住"工作区，并暂停播放动作，等待用户进行手动操作。可以看到人物的头发边缘处理得不够干净，因此使用"调整边缘画笔工具"涂抹头发边缘，调整选区。对效果感到满意后单击"确定"按钮或按【Enter】键，继续播放动作。

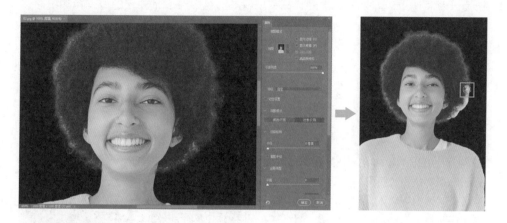

小提示

使用半自动方式抠图时，进入"选择并遮住"工作区后，如果遇到需要手动调整边缘细节的图像，可以用左侧工具栏中的工具或右侧的选项编辑图像，获得更精确的抠图效果；如果遇到不需要调整的图像，只需单击工作区右下角的"确定"按钮或按【Enter】键继续。

步骤 10 每处理一张图像，都会打开"选择并遮住"工作区并等待用户进行手动操作。用户可根据实际情况在工作区中调整边缘，以获得更精确的抠图效果。批处理操作完毕后，分别打开源文件夹和目标文件夹进行对比，可以看到人物发丝部分的抠图效果都比较精确，并为所有图像设置了统一的背景颜色。

5.3 定义图案，批量添加个性水印

　　水印是一种保护知识产权的有效手段。为自己的作品添加水印，可以防止作品被他人随意使用。如果要保护的作品数量较多，可以通过批处理的方式添加水印。

　　本案例要先用 Photoshop 制作一个水印图案，再录制一个添加水印的动作，最后利用"批处理"命令将这个水印批量应用到多张作品上。

素　材	案例文件\05\素材\添加水印-前（文件夹）
源文件	案例文件\05\源文件\5.3_水印图案.psd、5.3_批量加水印.psd、添加水印-后（文件夹）

步骤 01　在 Photoshop 中执行"文件 > 新建"菜单命令，打开"新建文档"对话框。在对话框中输入文件名"水印图案"，并指定新建文档的尺寸、分辨率、背景内容等，单击"创建"按钮，创建一个黑色背景的文档。

步骤 02　选择"圆角矩形工具"，在选项栏中设置描边色为白色、描边宽度为 4 像素、圆角半径为 20 像素，在画布中绘制一个圆角矩形，得到"圆角矩形 1"图层。

步骤 03　为"圆角矩形 1"图层添加图层蒙版。选择"矩形选框工具"，单击选项栏中的"添加到选区"按钮，绘制选区，选中部分线条。为蒙版选区填充黑色，隐藏选区中的线条。

步骤 04　选择"横排文字工具"，在圆角矩形上方输入文字。打开"字符"面板，调整文字的字体、字号等属性。

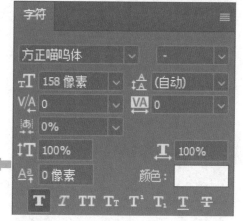

步骤 05　为增加文字的艺术感，再为文字添加描边效果。按住【Ctrl】键不放，单击文字图层的缩览图，载入文字选区。执行"选择 > 修改 > 扩展"菜单命令，打开"扩展选区"对话框，设置"扩展量"为 6 像素，单击"确定"按钮，扩展选区。

步骤 06　在文字图层上方创建"图层 1"图层，执行"编辑 > 描边"菜单命令，打开"描边"对话框，设置描边宽度和描边颜色，单击"居外"单选按钮，为文字添加白色描边。

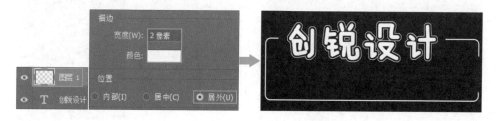

步骤07 选择"横排文字工具",在已输入的文字下方输入英文,打开"字符"面板,调整文字的字体、字号等属性。

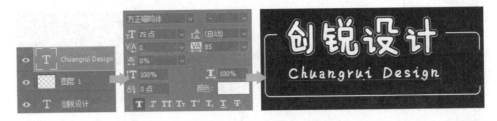

步骤08 选择"自定形状工具",在选项栏中单击"形状"右侧的下拉按钮,打开"自定形状"拾色器,展开"花卉"形状组,选择合适的花卉形状。设置描边色为白色、描边宽度为3像素,在文字右侧绘制图形。至此,水印图案就制作好了。

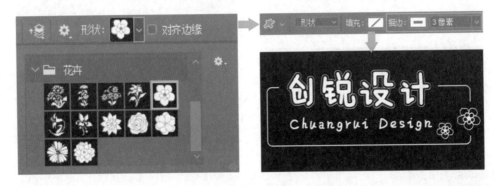

步骤09 接下来将制作好的水印定义为新图案。单击"背景"图层前的眼睛图标,隐藏"背景"图层。执行"编辑 > 定义图案"菜单命令,打开"图案名称"对话框,输入名称"水印",单击"确定"按钮。

小提示

　　如果要删除自定义的图案,执行"窗口 > 图案"菜单命令,打开"图案"面板,选中要删除的图案后单击"删除图案"按钮。如果需要删除图案组,则选中图案组,再单击"删除图案"按钮。

步骤 10　打开本案例素材文件夹中的"01.jpg"。单击"动作"面板底部的"创建新动作"
按钮，打开"新建动作"对话框，输入动作名称"添加水印"，单击"记录"按钮，创
建并记录动作。

步骤 11　执行"图层 > 新建填充图层 > 图案"菜单命令，在弹出的"新建图层"对话
框中不需要做任何设置，直接单击"确定"
按钮。在弹出的"图案填充"对话框中选
择步骤 09 中定义的水印图案。

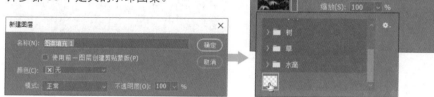

步骤 12　设置"角度"为 30°，旋转图案；设置"缩放"为 40%，缩小图案。单击"确定"
按钮，创建"图案填充 1"图层。设置图层"不透明度"为 50%，让水印显得更自然。

步骤 13 执行"文件 > 存储为"菜单命令，打开"另存为"对话框，设置存储位置和文件名，选择"保存类型"为"JPEG (*.JPG; *.JPEG; *.JPE)"，单击"保存"按钮，在弹出的"JPEG 选项"对话框中单击"确定"按钮，存储添加水印后的图像。

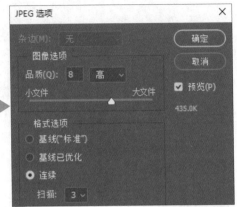

步骤 14 展开"动作"面板，单击面板底部的"停止播放 / 记录"按钮，完成"添加水印"动作的录制。

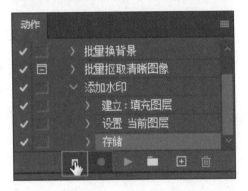

步骤 15 最后，应用录制的"添加水印"动作批量为图像添加水印。执行"文件 > 自动 > 批处理"菜单命令，打开"批处理"对话框。在对话框中选中新录制的"添加水印"动作，然后分别指定源文件夹和目标文件夹，单击"确定"按钮。

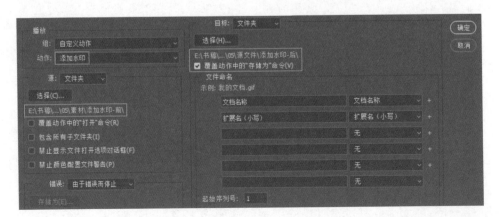

步骤 16 Photoshop 会自动播放"添加水印"动作，为源文件夹中的所有图像添加相同的水印图案，并将添加水印后的图像存储到目标文件夹中。

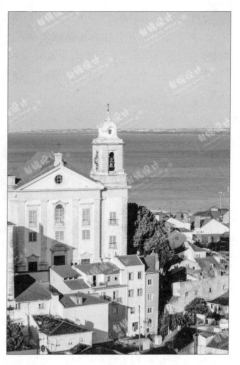

5.4　截取视频画面，批量制作线稿图

当我们看到一段精彩的动漫视频，可能会想要将视频画面截取下来制作成线稿图。本案例将应用 Photoshop 的"视频帧到图层"命令批量截取视频画面，再结合使用动作和批处理将截取的图像批量转换为线稿图。

素　材	案例文件 \ 05 \ 素材 \ 04.mp4
源文件	案例文件 \ 05 \ 源文件 \ 5.4_批量制作线稿图.psd、视频截图（文件夹）、批量线稿图（文件夹）

步骤 01 在 Photoshop 中执行"文件 > 导入 > 视频帧到图层"菜单命令，在弹出的"打开"对话框中选中素材视频"04.mp4"，单击"打开"按钮。

步骤 02   打开"将视频导入图层"对话框。一般视频每秒有 25～30 帧，在 Photo-
shop 中导入视频时默认每隔两帧生成一个图层，这样得到的图层较多且画面比较容易
重复。因此，这里勾选"限制为每隔 ×× 帧"复选框，并更改间隔的帧数为 30，即每
隔 30 帧生成一个图层。设置后单击"确定"按钮，即可在"图层"面板中看到生成的
图层。

小提示

在 Photoshop 中导入视频时，如果弹出对话框，提示"不能完成视频帧到
图层命令，因为无法打开文件"，可能是因为没有安装 QuickTime 播放器或者
安装的播放器版本太低。解决方法是重新下载 QuickTime 高版本播放器，双击
安装程序，将其安装到 Photoshop 目录下。如果安装 QuickTime 播放器后还
是不能导入，则可能是因为视频采用了 Photoshop 不支持的编码格式，此时需
要使用视频格式转换软件（如格式工厂）更改视频的编码格式。

步骤 03   执行"文件 > 导出 > 将图层导出到文件"菜单命令，打开"将图层导出到文件"
对话框。单击"浏览"按钮，打开"选择目标"对话框，指定导出图层图像的存储位置，
单击"确定"按钮。

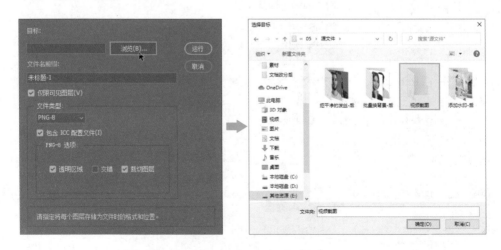

步骤 04　返回"将图层导出到文件"对话框，将文件名前缀更改为"原稿"，取消勾选"仅限可见图层"复选框，在"文件类型"下拉列表框中选择"JPEG"格式，将"品质"滑块拖动到最右侧，单击"运行"按钮，将图层依次导出到所选文件夹中。

步骤 05　接下来录制一个将图像转换为线稿图的动作。打开导出的一张图像，单击"动作"面板底部的"创建新动作"按钮，打开"新建动作"对话框，输入动作名称"制作线稿图"，单击"记录"按钮，创建并记录动作。

步骤 06　复制"背景"图层，得到"背景 拷贝"图层。执行"图像 > 调整 > 去色"菜单命令或按快捷键【Ctrl+Shift+U】，去除图像颜色，将图像转换为黑白效果。

107

步骤 07 按快捷键【Ctrl+J】，复制"背景 拷贝"图层，得到"背景 拷贝 2"图层。执行"图像 > 调整 > 反相"菜单命令或按快捷键【Ctrl+I】，反相图像。

步骤 08 执行"滤镜 > 其他 > 最小值"菜单命令，打开"最小值"对话框，将"半径"更改为 2 像素，单击"确定"按钮，应用"最小值"滤镜。然后将"背景 拷贝 2"图层的混合模式更改为"颜色减淡"，得到线稿图。

步骤 09 执行"文件 > 存储为"菜单命令，打开"另存为"对话框，指定存储位置、文件名和格式，单击"保存"按钮，在弹出的"JPEG 选项"对话框中单击"确定"按钮，存储图像。单击"动作"面板底部的"停止播放 / 记录"按钮，停止记录动作。

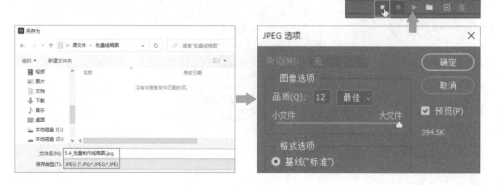

步骤 10　最后，应用录制的"制作线稿图"动作完成线稿图的批量制作。执行"文件 > 自动 > 批处理"菜单命令，打开"批处理"对话框，选择新录制的"制作线稿图"动作，分别指定源文件夹和目标文件夹，单击"确定"按钮。

步骤 11　Photoshop 会自动播放"制作线稿图"动作，将源文件夹中的视频截图全部转换为线稿图，并存储到目标文件夹中。转换完毕后在目标文件夹下可看到转换效果。

| 原稿_0000_图层 27.jpg | 原稿_0001_图层 26.jpg | 原稿_0002_图层 25.jpg |

| 原稿_0003_图层 24.jpg | 原稿_0004_图层 23.jpg | 原稿_0005_图层 22.jpg |

5.5　自动拼版，批量排版同一照片

打印证件照前通常需要进行照片排版，以在一张相纸上打印多张相同的照片，再裁剪开来使用。单张证件照可以通过复制粘贴的方式来排版，但如果需要打印几十张甚至上百张证件照，可以利用 Photoshop 将排版过程录制成动作，再通过"批处理"命令对多张证件照播放动作，实现批量排版。

素　材　　案例文件 \ 05 \ 素材 \ 相同照片批量排版-前（文件夹）

源文件　　案例文件 \ 05 \ 源文件 \ 5.5_相同照片批量排版.psd、相同照片批量排版-后（文件夹）

步骤 01 用 Photoshop 打开本案例素材文件夹中的"01.jpg"。单击"动作"面板底部的"创建新动作"按钮，打开"新建动作"对话框，在"名称"文本框中输入动作名称"相同照片批量排版"，单击"记录"按钮，创建并记录动作。

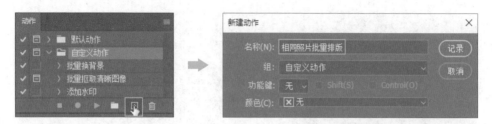

步骤 02 打开"图层"面板。"背景"图层默认为锁定状态，单击该图层右侧的锁形图标，将该图层解锁，转换为普通图层"图层 0"。

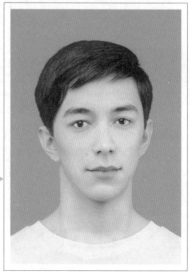

步骤 03 执行"编辑 > 描边"菜单命令，打开"描边"对话框，设置"宽度"为 10 像素，颜色为白色，单击"内部"单选按钮，单击"确定"按钮，向内描边 10 像素。

步骤 04　接着再描一次边，作为打印后剪裁照片时的参考线。执行"编辑 > 描边"菜单命令，打开"描边"对话框，设置"宽度"为 1 像素，颜色为黑色，单击"内部"单选按钮，单击"确定"按钮。

步骤 05　执行"图像 > 画布大小"菜单命令，打开"画布大小"对话框，根据所使用的相纸调整画布尺寸。这里以 5 寸的相纸为例，在"新建大小"选项组中设置"宽度"为 12.7 厘米、"高度"为 8.9 厘米，单击"确定"按钮，扩展画布。

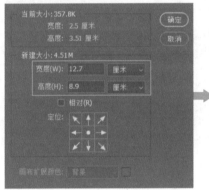

步骤 06　按住【Ctrl】键不放，单击"创建新图层"按钮，在"图层 0"图层下方新建"图层 1"图层。设置前景色为白色，按快捷键【Alt+Delete】，将"图层 1"图层填充为白色。

步骤 07　选中"图层 0"图层，进行排版。先将图像移到画布上方的合适位置，按住【Alt】键不放并拖动图像，复制一个副本并调整位置，使其与原图像对齐。选中两个图层，按快捷键【Ctrl+E】，合并图层。

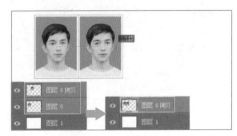

步骤 08 按住【Alt】键不放并向右拖动图像，再次复制图像。选中两个图层，按快捷键【Ctrl+E】，合并图层。

步骤 09 按住【Alt】键不放并向下拖动图像，再次复制图像。选中两个图层，按快捷键【Ctrl+E】，合并图层。

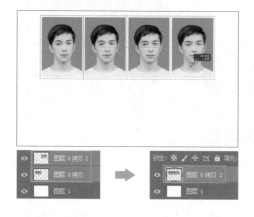

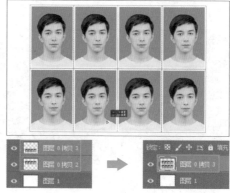

步骤 10 选中"图层 1"和"图层 0 拷贝 3"图层，单击选项栏中的"水平居中对齐"按钮，水平居中对齐图像，再单击"垂直居中对齐"按钮，垂直居中对齐图像。将图像移到画面中间，完成页面的排版。

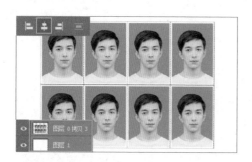

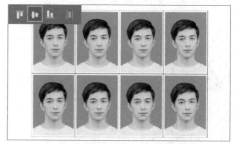

步骤 11 执行"文件 > 存储为"菜单命令，打开"另存为"对话框，设置存储位置、文件名和文件格式，单击"保存"按钮，存储图像。单击"动作"面板底部的"停止播放 / 记录"按钮，完成动作的录制。

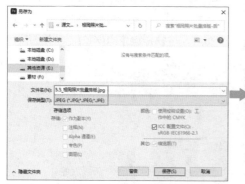

步骤 12 最后，应用录制的动作进行批量排版。执行"文件 > 自动 > 批处理"菜单命令，打开"批处理"对话框，选择新录制的"相同照片批量排版"动作，分别指定源文件夹和目标文件夹，单击"确定"按钮。

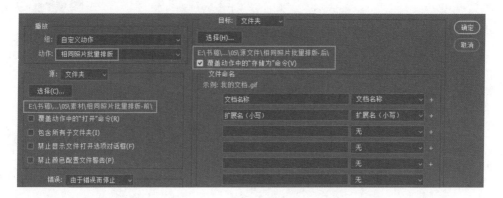

步骤 13 Photoshop 将自动播放"相同照片批量排版"动作，对源文件夹中的证件照分别进行排版，并将排版后得到的图像存储到目标文件夹中。打开目标文件夹，可以看到批量排版的效果。

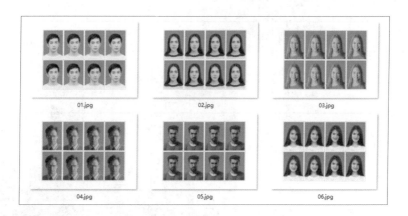

01.jpg　　02.jpg　　03.jpg

04.jpg　　05.jpg　　06.jpg

小提示

　　创建批量排版的动作后，如果只需对某张照片进行排版，可以打开该照片，选中"动作"面板中的动作，然后单击"播放选定的动作"按钮，播放动作。

5.6 自动拼版，批量排版不同照片

　　上一个案例是将同一张照片重复排在一个页面中。如果有一批照片，需要按指定数量排在一个页面上（如每个页面排 9 张不同的照片），并且这些照片既有横

版也有竖版，又该怎么办呢？

此时可以使用 Photoshop 中的"联系表"功能。该功能可将多张图片按照指定的页面大小和布局方式以缩览图的方式编排成一个个页面。

素　材	案例文件 \ 05 \ 素材 \ 不同照片批量排版-前（文件夹）
源文件	案例文件 \ 05 \ 源文件 \ 不同照片批量排版-后（文件夹）

步骤 01　在 Photoshop 中执行"文件 > 自动 > 联系表 II"菜单命令，打开"联系表 II"对话框。单击"源图像"选项组中的"选取"按钮，打开"浏览文件夹"对话框。在对话框中选择要排版的图片所在的源文件夹，单击"确定"按钮。

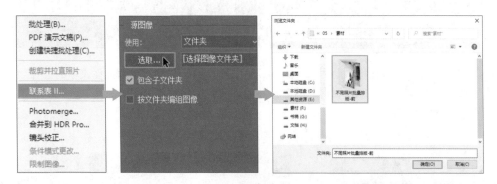

步骤 02　然后设置排版参数，这里以在一张 A4 纸上排 3×3 张图片为例。设置"宽度"为 21 厘米、"高度"为 29.7 厘米，再将"列数"和"行数"都设置为 3。因为照片既有横版也有竖版，所以勾选"旋转以调整到最佳位置"复选框，让软件自动旋转照片以获得最美观的排版效果。单击"确定"按钮，Photoshop 就会按照设置的参数将文件夹中的照片编排成多个文档。

小提示

在"联系表 II"对话框中，"拼合所有图层"复选框默认为未勾选状态，排版后会保留图层。如果确定不需要保留图层，也可勾选该复选框，将排版后的图像拼合为一个图层。

步骤 03　联系表只是完成了图片的排版工作，并不会保存排版后生成的文档。如果图片很多，生成了几百个文档，那么一个个保存就比较麻烦。下面通过录制动作来实现批量保存。打开"动作"面板，单击"创建新动作"按钮，在弹出的"新建动作"对话框中输入动作名称"保存排版"，单击"记录"按钮，创建并记录动作。

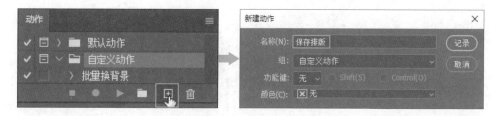

步骤 04 执行"文件 > 存储为"菜单命令，在弹出的"另存为"对话框中设置存储位置、文件名和文件格式，单击"保存"按钮，保存文件。单击"动作"面板底部的"停止播放 / 记录"按钮，停止记录动作。

步骤 05 执行"文件 > 自动 > 批处理"菜单命令，打开"批处理"对话框，默认选中新录制的"保存排版"动作。在"源"下拉列表框中选择"打开的文件"选项，在"目标"下拉列表框中选择"文件夹"选项，单击"选择"按钮设置目标文件夹，再勾选"覆盖动作中的'存储为'命令"复选框，最后单击"确定"按钮。

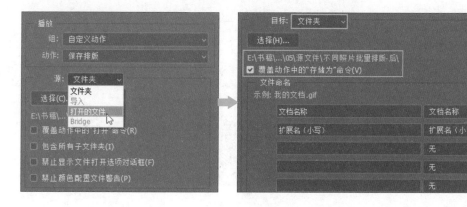

步骤 06 Photoshop 会将当前打开的所有联系表文档保存到目标文件夹。保存完毕后，打开目标文件夹，即可预览排版效果。

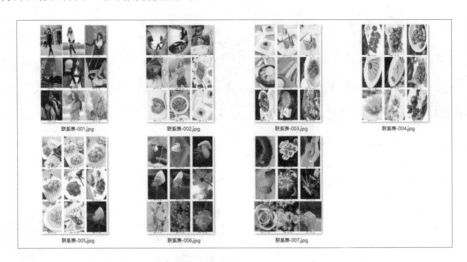

5.7 人脸识别，生活照秒变证件照

想要将生活照裁剪成证件照，如果用"裁剪工具"来处理，由于无法智能识别人脸，难以实现流程的自动化。本案例将讲解一种实现人脸识别裁剪的思路：用"液化"滤镜对人物五官进行错位处理，再利用"减去"混合模式在画面中标识出人脸，然后进行裁剪，就能让人脸完整地显示在画面中心。将这一系列操作录制成动作，就能将生活照批量裁剪成证件照。

素 材	案例文件\05\素材\人脸识别批量裁剪-前（文件夹）
源文件	案例文件\05\源文件\5.7_生活照秒变证件照.psd、人脸识别批量裁剪-后（文件夹）

步骤 01 用 Photoshop 打开本案例素材文件夹中的"01.jpg"。单击"动作"面板底部的"创建新动作"按钮，打开"新建动作"对话框，输入动作名称"批量裁剪一寸照片"，单击"记录"按钮，创建并记录动作。

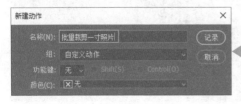

步骤 02　右击"背景"图层，在弹出的快捷菜单中单击"转换为智能对象"命令，将图层转换为智能对象。然后按快捷键【Ctrl+J】，复制图层，得到"图层 0 拷贝"图层。

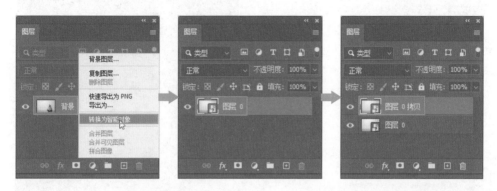

步骤 03　接下来对人物的五官进行错位处理。执行"滤镜 > 液化"菜单命令，打开"液化"对话框。在"人脸识别液化"选项组中拖动滑块，把眼睛的参数调到最大，把前额和下巴高度的参数调到最小，设置后单击"确定"按钮。

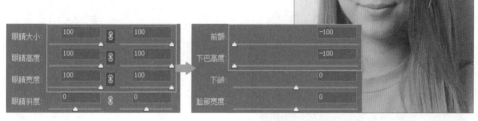

步骤 04　选中"图层 0 拷贝"图层，更改图层混合模式为"减去"，此时人物五官错位的部分就被标识出来了。

步骤 05　按快捷键【Ctrl+Alt+2】，载入高光选区。因为这个图像选区范围较小，所以会弹出警示对话框，这里直接单击"确定"按钮。然后执行"图像 > 裁剪"菜单命令，裁剪图像。

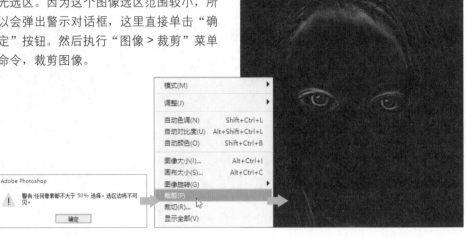

步骤 06　执行"选择 > 取消选择"菜单命令或按快捷键【Ctrl+D】，取消选区。然后按【Delete】键删除当前图层，只保留"图层 0"图层。

步骤 07　执行"图像 > 画布大小"菜单命令，打开"画布大小"对话框。将单位更改为"百分比"，并设置"宽度"为150、"高度"为130，扩大人像范围。

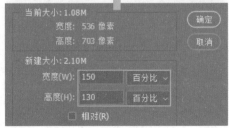

步骤 08　执行"图像 > 图像大小"菜单命令，打开"图像大小"对话框。将单位更改为"厘米"。这里要将照片裁剪为 1 英寸大小，设置"宽度"为 2.5 厘米，"高度"使用软件自动计算出的值，设置"分辨率"为 300 像素 / 英寸，单击"确定"按钮。

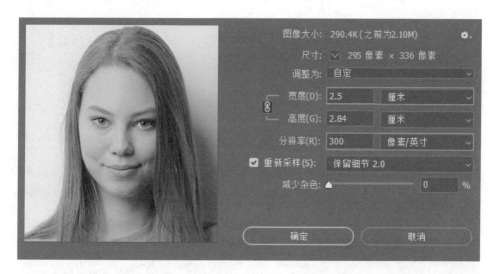

步骤 09　执行"图像 > 画布大小"菜单命令，打开"画布大小"对话框。同样将单位更改为"厘米"，可以看到"宽度"已为 2.5 厘米，因此只需要根据 1 英寸照片的尺寸，设置"高度"为 3.5 厘米，单击"确定"按钮。

小提示

在"图像大小"和"画布大小"对话框中进行设置时，要注意取消勾选"相对"复选框。

步骤 10 执行"文件 > 存储为"菜单命令，打开"另存为"对话框，保存图像。单击"动作"面板底部的"停止播放 / 记录"按钮，停止记录动作。

步骤 11 最后应用录制的动作批量裁剪照片。执行"文件 > 自动 > 批处理"菜单命令，打开"批处理"对话框，选中创建的"批量裁剪一寸照片"动作，指定源文件夹和目标文件夹，单击"确定"按钮。

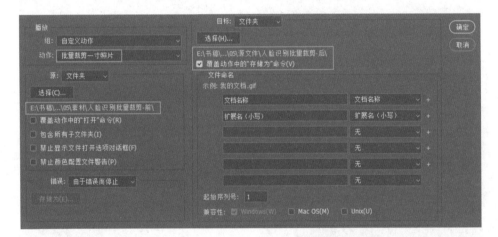

步骤 12 Photoshop 会应用"批量裁剪一寸照片"动作批量裁剪源文件夹中的照片，并将裁剪后的图像存储到目标文件夹中。命令执行完毕后，打开目标文件夹，即可预览裁剪效果。

第6章

智能操作
让流程变"聪明"

通过第 5 章的学习,我们掌握了如何将录制动作与"批处理"命令相结合,完成图像的批量处理。本章则要在此基础上更进一步,通过插入条件和定义变量,提高图像批量处理流程的智能化程度。

6.1 智能裁剪，自动归类横竖照片

如右图所示，本案例素材文件夹中的照片既有横版也有竖版。现在要将它们统

一裁剪为 6 英寸规格（高 6 英寸，宽 4
英寸），就要使用不同的裁剪方法。为
了让 Photoshop 能自动根据版面形式
采用不同的裁剪方法，可以先为横版照
片和竖版照片分别录制裁剪动作，再创
建一个"智能裁剪"动作，在其中插入
条件来判断照片是横版还是竖版，然后
根据判断结果执行相应的裁剪动作。

素 材	案例文件 \ 06 \ 素材 \ 智能裁剪-前（文件夹）	
源文件	案例文件 \ 06 \ 源文件 \ 智能裁剪-后（文件夹）	

步骤 01 本案例要创建的动作较多，为便于管理，先创建一个动作组。单击"动作"
面板底部的"创建新组"按钮，在弹出的"新建组"对话框中输入动作组名称"批量
裁剪 6 寸"，单击"确定"按钮，创建动作组。接着创建竖版照片的裁剪动作。打开本
案例素材文件夹中的一张竖版照片，如"01.jpg"。单击"动作"面板底部的"创建新
动作"按钮,在弹出的"新建动作"对话框中输入动作名称"竖版",单击"记录"按钮,
创建并记录动作。

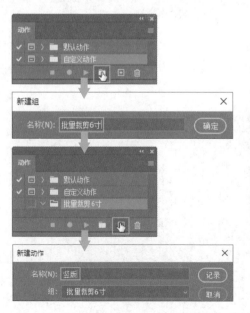

步骤 02　执行"图像 > 图像大小"菜单命令，打开"图像大小"对话框。因为要将照片裁剪为 6 英寸大小，所以先将单位设置为"英寸"，再设置"高度"为 6 英寸、"分辨率"为 300 像素 / 英寸，单击"确定"按钮，调整图像大小。

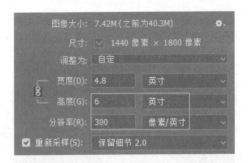

步骤 03　执行"图像 > 画布大小"菜单命令，打开"画布大小"对话框。同样将单位设置为"英寸"，可以看到"高度"已为 6 英寸，因此只需将"宽度"设置为 4 英寸，单击"确定"按钮，在弹出的提示对话框中单击"继续"按钮，完成裁剪。

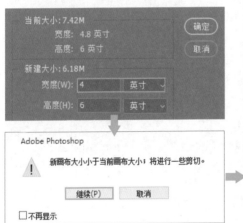

步骤 04　执行"文件 > 存储为"菜单命令，打开"另存为"对话框，存储图像。单击"动作"面板底部的"停止播放 / 记录"按钮，完成竖版照片裁剪动作的录制。

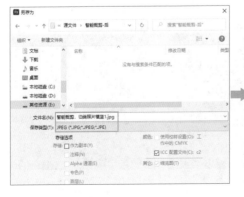

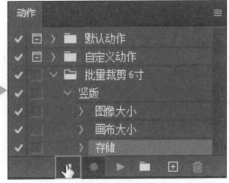

步骤 05　下面录制横版图像的裁剪动作。选中录制的"竖版"动作，单击"动作"面板右上角的扩展按钮，在展开的菜单中单击"复制"命令，复制动作，得到"竖版 拷贝"动作。双击该动作的名称文本，将名称更改为"横版"。

步骤 06　打开一张横版照片，如"02.jpg"。单击"动作"面板底部的"开始记录"按钮，执行"图像 > 图像旋转 > 逆时针 90 度"菜单命令，将横版照片旋转为竖版照片。

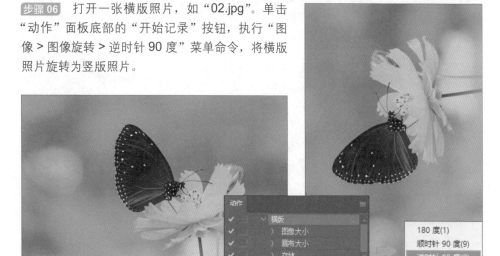

步骤 07　单击"动作"面板底部的"停止播放 / 记录"按钮，停止记录动作。此时可在"横版"动作下看到"旋转第一文档"操作，将该操作向上拖动，放在"图像大小"操作之前，作为动作的第一步操作。

步骤 08　单击"动作"面板底部的"创建新动作"按钮，在弹出的"新建动作"对话框中输入动作名称"智能裁剪"，单击"记录"按钮，创建并记录动作。该动作用于判断照片是横版还是竖版，并相应地播放"横版"动作或"竖版"动作。

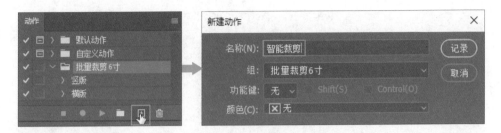

步骤 09　单击"动作"面板右上角的扩展按钮，在弹出的菜单中单击"插入条件"命令，打开"条件动作"对话框。在"如果当前"下拉列表框中选择"文档为横向模式"选项，单击"则播放动作"右侧的下拉按钮，在展开的列表中选择"横版"动作，即如果当前文档是横版，则执行"横版"动作来裁剪图像。

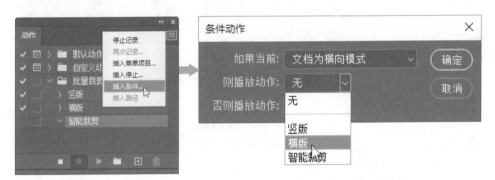

步骤 10　单击"否则播放动作"右侧的下拉按钮，在展开的列表中选择"竖版"动作，即如果当前文档不是横版，则执行"竖版"动作来裁剪图像。设置完条件后，单击"确定"按钮，返回"动作"面板，单击面板底部的"停止播放 / 记录"按钮，完成"智能裁剪"动作的创建。

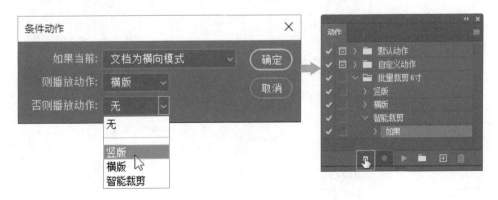

步骤 11　最后应用录制的"智能裁剪"动作批量裁剪照片。执行"文件 > 自动 > 批处理"菜单命令，打开"批处理"对话框。选中创建的"智能裁剪"动作，指定源文件夹和目标文件夹，单击"确定"按钮。

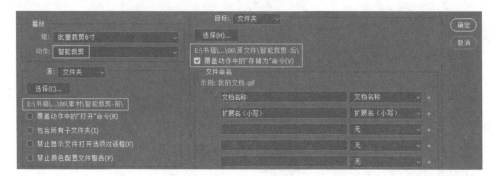

步骤 12　Photoshop 会自动播放所选动作批量裁剪源文件夹中的照片，并将裁剪后的照片存储到目标文件夹中。裁剪完毕后，打开目标文件夹，可以看到统一版面和尺寸后的图像效果。

6.2　定义变量，批量制作优惠券

　　一些应用型的平面设计作品，如优惠券，通常只有个别内容不同，其他内容都相同。如果要为设计好的优惠券模板批量添加不同的号码，可以利用 Photoshop 的"变量"功能定义一个"号码"变量，再导入号码数据，即可轻松生成不同号码的优惠券。

素　材	案例文件 \ 06 \ 素材 \ 03.psd
源文件	案例文件 \ 06 \ 源文件 \ 6.2_制作优惠券.psd、导出优惠券（文件夹）

步骤 01　创建一个文本文件"号码.txt"。打开该文本文件，在第一行输入"号码"，然后在下方依次输入要添加的优惠券号码，按快捷键【Ctrl+S】保存文件。

步骤 02　打开优惠券模板"03.psd"，用"横排文字工具"在右下方输入优惠券号码，并为号码设置合适的字体和颜色，在"图层"面板中将文本图层名称更改为"号码"。

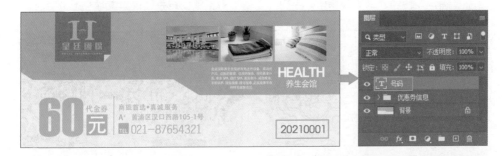

步骤 03　执行"图像 > 变量 > 定义"菜单命令，打开"变量"对话框，将"图层"设置为"号码"，勾选"文本替换"复选框，输入变量名"号码"。

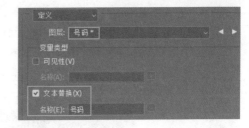

步骤 04　定义变量后，接下来需要导入之前创建的号码数据。单击"定义"右侧的下拉按钮，在展开的列表中选择"数据组"选项，然后单击右侧的"导入"按钮。

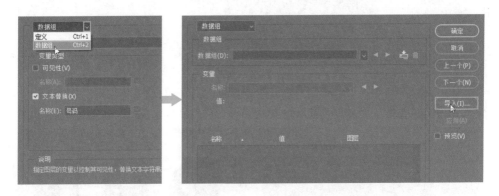

步骤 05　打开"导入数据组"对话框，单击"选择文件"按钮，在弹出的"载入"对话框中选中前面制作的文本文件"号码.txt"，单击"载入"按钮。

步骤 06 返回"导入数据组"对话框，勾选"将第一列用作数据组名称"复选框；根据文本文件"号码.txt"的编码格式，在"编码"下拉列表框中选择"Unicode(UTF-8)"选项；单击"确定"按钮，导入数据组。返回"变量"对话框，单击"确定"按钮。

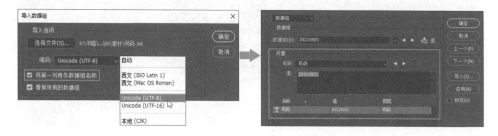

步骤 07 导入数据组后，要将这些数据分别导出为不同的文件。执行"文件 > 导出 > 数据组作为文件"菜单命令，打开"将数据组作为文件导出"对话框。单击"选择文件夹"按钮，在弹出的"选择导出目标文件夹"对话框中选择导出文件的存储位置，单击"选择文件夹"按钮。

步骤 08 返回"将数据组作为文件导出"对话框，在"文件命名"选项组中输入文件名的前缀"优惠券"，表示以"优惠券_优惠券号码"的方式命名导出的文件，单击"确定"按钮。打开目标文件夹，可看到批量导出的 PSD 文件。

步骤 09 为方便查看导出的优惠券效果，可将 PSD 文件转换为 JPEG 文件。执行"文件 > 脚本 > 图像处理器"菜单命令，打开"图像处理器"对话框，在"选择要处理的图像"选项组中单击"选择文件夹"按钮，打开"选取源文件夹"对话框，指定 PSD 文件所在的文件夹。

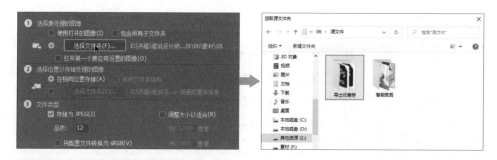

步骤 10　返回"图像处理器"对话框，在"首选项"选项组中取消勾选"运行动作"复选框，单击右上角的"运行"按钮。Photoshop 会自动在相同的位置创建一个文件夹"JPEG"，并将转换格式得到的 JPEG 文件存储到此文件夹中。

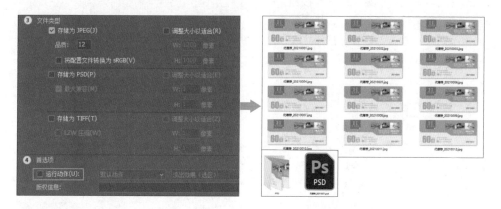

6.3　定义变量，批量制作工牌

通过定义变量不仅能批量替换文本，而且能批量替换图像，并且替换的项目可以是多个，本案例通过批量制作员工工牌讲解具体方法。同一公司的员工工牌中不同的部分是姓名、工号、部门、职位、照片等信息，在 Photoshop 中分别定义对应的变量，再导入编辑好的数据，即可快速生成不同员工的工牌。

素　材	案例文件 \ 06 \ 素材 \ 04（文件夹）、05.psd
源文件	案例文件 \ 06 \ 源文件 \ 6.3_制作工牌.psd、工牌（文件夹）

步骤 01　创建一个 Excel 工作簿"员工信息.xlsx"，然后在工作表的第一行分别输入数据标题"姓名""工号""部门""职位""照片"。

129

📢 小提示

　　本案例需要批量获取员工照片的文件路径,并从路径中提取员工的姓名、工号、部门等信息,借助 Excel 插件"方方格子"可以比较快捷地完成这些工作。"方方格子"支持 Excel 2007 及以上版本,下载和安装方法见该插件的官网 http://www.ffcell.com/home/ffcell.aspx,这里不做详述。

步骤 02 选中"姓名"列下方的空白单元格 A2。在功能区切换至"DIY 工具箱"选项卡,单击"导入图片"按钮,打开"导入图片"对话框。单击"添加"按钮,打开"请选择文件"对话框,选择需要导入的员工照片,单击"打开"按钮。

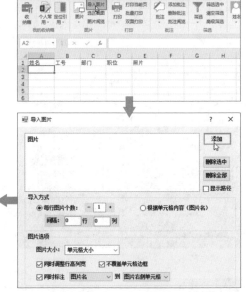

步骤 03 返回"导入图片"对话框,在"图片选项"选项组中勾选"同时标注"复选框,并将其设置为"'完整路径'到'图片所在单元格'",单击"确定"按钮,导入员工照片及其文件路径。

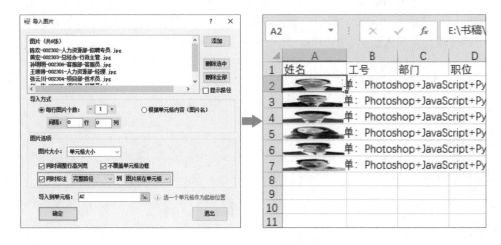

步骤 04　按住【Shift】键不放，依次单击选中所有已导入的照片，按【Delete】键删除。

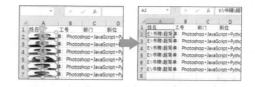

步骤 05　选中"姓名""工号""部门""职位"和"照片"下方的单元格区域，按快捷键【Ctrl+R】，向右复制路径数据。

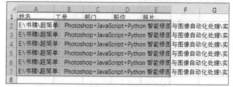

步骤 06　接下来需要分别从路径文本中提取姓名、工号、部门等信息。选中"姓名"列下方的单元格区域，切换至"方方格子"选项卡，单击"截取文本"按钮，在展开的列表中单击"截取中间文本"选项，打开"截取中间文本"对话框。根据姓名在路径文本中的位置，设置起始位置为"'从左数'第'7'个文本：'\'"，结束位置为"'从左数'第'1'个文本：'-'"，单击"确定"按钮，截取文本中的姓名信息。

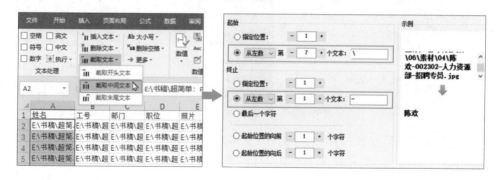

步骤 07　选中"工号"列下方的单元格区域，单击"截取文本"按钮，在展开的列表中单击"截取中间文本"选项，打开"截取中间文本"对话框。根据工号在文本中的位置，设置起始位置为"'从左数'第'1'个文本：'-'"，结束位置为"'从左数'第'2'个文本：'-'"，单击"确定"按钮，截取文本中的工号信息。

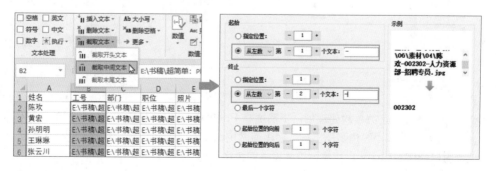

步骤 08 采用相同的方法，分别截取文本中的部门和职位信息，完成员工数据表的制作。

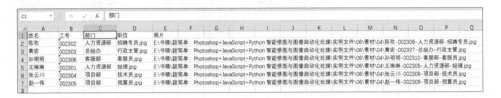

> **📢 小提示**
>
> 利用 Excel 编辑员工编号这类以 0 开头的数据时，Excel 会自动把 0 删除。如果需要保留数据开头的 0，可以选中并右击单元格区域，在弹出的快捷菜单中单击"设置单元格格式"命令，然后在"数字"选项卡中单击"文本"选项。

步骤 09 下面将员工数据表导出成文本文件。单击"文件"菜单，再依次单击"导出"和"更改文件类型"按钮，在右侧的"更改文件类型"列表中双击"文本文件（制表符分隔）"选项。

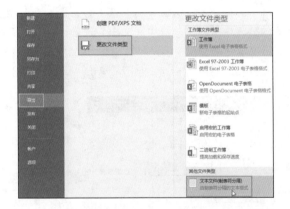

步骤 10 打开"另存为"对话框，指定导出文件的存储位置和文件名，其他选项不变，单击"保存"按钮，在弹出的提示对话框中单击"是"按钮，得到文本文件"员工信息.txt"。

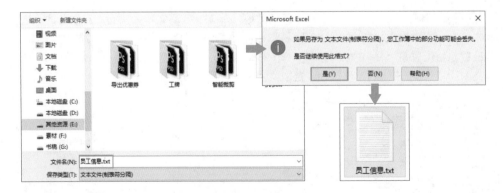

步骤 11 完成员工数据的处理后，下面要在 Photoshop 中编辑工牌文件。打开工牌模板"05.psd"，选择"圆角矩形工具"，在画面右侧绘制一个圆角矩形。打开"属性"面板，调整图形的填充颜色及描边颜色，并设置圆角半径为 12 像素。

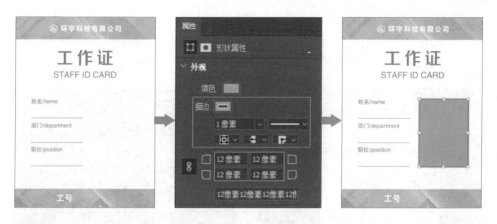

步骤 12 打开一张员工照片，将图像全选后复制、粘贴到工牌模板上方，并调整至合适的大小，将图层名称更改为"照片"。执行"图层 > 创建剪贴蒙版"菜单命令或按快捷键【Ctrl+Alt+G】，创建剪贴蒙版，将照片置入上一步绘制的圆角矩形中。

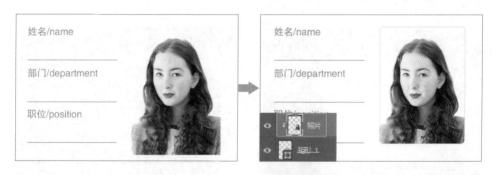

步骤 13 选择"横排文字工具"，在照片左侧的横线上分别输入"姓名""部门""职位"，再在下方输入一个工号信息。打开"字符"面板，调整文字属性。然后将图层分别重命名为"姓名""部门""职位""工号"。

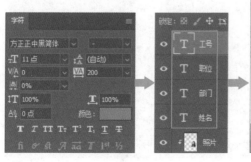

步骤 14 执行"图像 > 变量 > 定义"菜单命令, 打开"变量"对话框。在"图层"下拉列表框中选择"照片"图层, 勾选"像素替换"复选框, 把名称更改为"照片", 定义"照片"变量。

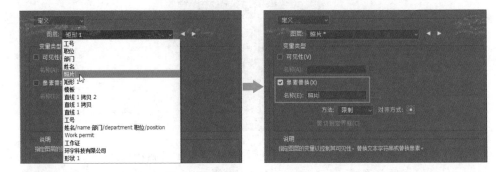

步骤 15 在"图层"下拉列表框中选择"姓名"图层, 勾选"文本替换"复选框, 把名称更改为"姓名", 定义"姓名"变量。

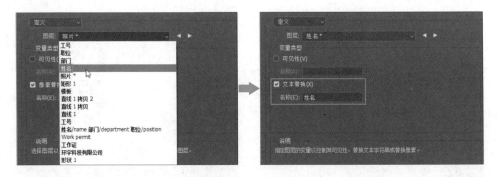

步骤 16 采用相同的方法, 分别定义"部门""职位""工号"变量: 选择"部门"图层, 勾选"文本替换"复选框, 更改名称为"部门"; 选择"职位"图层, 勾选"文本替换"复选框, 更改名称为"职位"; 选择"工号"图层, 勾选"文本替换"复选框, 更改名称为"工号"。

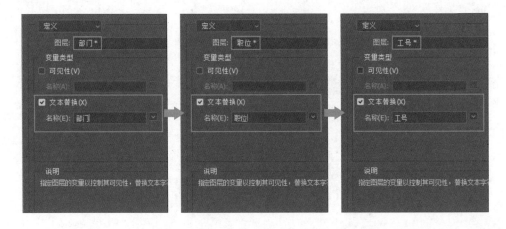

步骤 17　单击"定义"右侧的下拉按钮，在展开的列表中选择"数据组"选项。单击右侧的"导入"按钮，打开"导入数据组"对话框。单击"选择文件"按钮，打开"载入"对话框，选择之前创建的"员工信息.txt"，单击"载入"按钮。

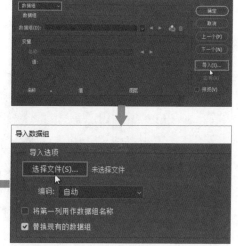

步骤 18　返回"导入数据组"对话框，在对话框中选择"Unicode (UTF-8)"编码格式，勾选"将第一列用作数据组名称"复选框，单击"确定"按钮，返回"变量"对话框，即可看到导入的数据。单击"确定"按钮，关闭"变量"对话框。

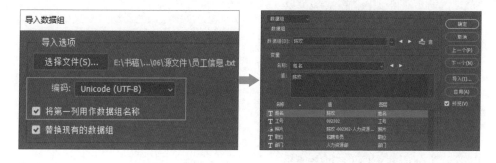

步骤 19　执行"文件 > 导出 > 数据组作为文件"菜单命令，打开"将数据组作为文件导出"对话框。此处同样需要先设置导出文件的存储位置，单击"存储选项"选项组中的"选择文件夹"按钮。

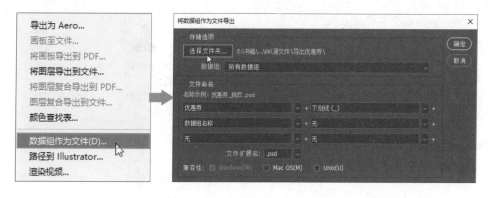

步骤20 在弹出的"选择导出目标文件夹"对话框中设置导出文件的存储位置，单击"选择文件夹"按钮，返回"将数据组作为文件导出"对话框。然后更改文件的命名方式，输入前缀"工牌"，单击"确定"按钮，导出 PSD 格式文件。

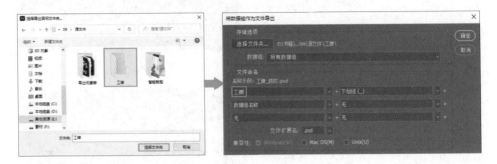

步骤21 最后将导出的 PSD 格式文件转换为 JPEG 格式文件。执行"文件 > 脚本 > 图像处理器"菜单命令，打开"图像处理器"对话框。取消勾选"运行动作"复选框，单击"选择文件夹"按钮，打开"选取源文件夹"对话框，指定要转换的文件所在的文件夹，单击"选择文件夹"按钮。

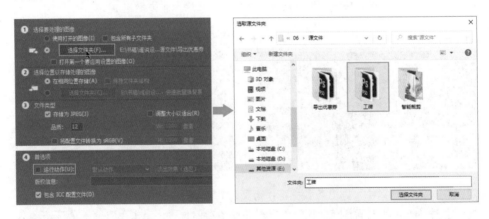

步骤22 返回"图像处理器"对话框，单击"运行"按钮，开始批量转换文件格式。转换完成后，打开指定文件夹，即可看到转换后的工牌图像。

6.4　智能识别，批量添加图像与信息

在上一个案例中，员工信息是从文件路径中提取的，而有时我们还需要从图像中提取文字信息。本案例要基于指定模板制作一批学生卡，学生的姓名和学号是用笔书写在相片上的，此时可以将这些带有手写文字的相片拍摄成数码照片，再利用文字识别软件从照片中提取文字信息，制作成数据文件，最后通过在 Photoshop 中定义变量和导入数据来批量生成学生卡。

素　材	案例文件 \ 06 \ 素材 \ 06（文件夹）、07.psd
源文件	案例文件 \ 06 \ 源文件 \ 6.4_制作学生卡.psd、学生卡（文件夹）

步骤 01　本案例使用闪电 OCR 图片文字识别软件来识别图像中的文字信息。启动该软件，单击左侧的"手写识别"选项，然后单击上方的"添加文件夹"按钮。在弹出的"选择文件夹"对话框中选中要识别的图片所在的文件夹，单击"选择文件夹"按钮。

步骤 02　所选文件夹中的图片会被依次导入并显示在"源文件"列表中。在预览图下方勾选"合并为一个文件"复选框。

步骤 03 单击"输出目录"右侧的设置按钮，在弹出的"选择文件夹"对话框中指定识别结果的存储位置，单击"选择文件夹"按钮。

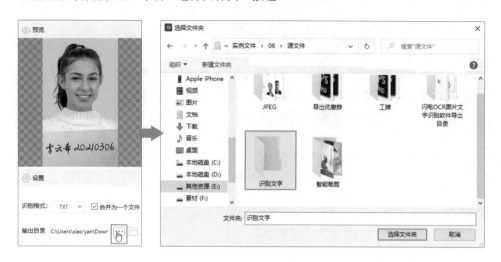

步骤 04 返回主界面，单击预览图上方的"开始识别"按钮，软件开始自动识别图像中的手写文字，在"源文件"列表中会显示识别进度。

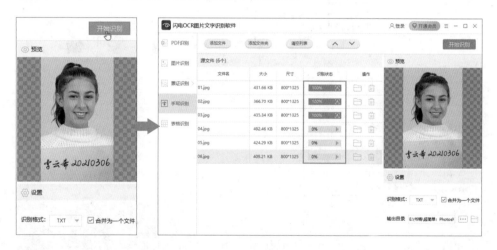

步骤 05 识别完成后会弹出提示对话框，单击对话框中的"前往导出文件位置"按钮，以进入前面指定的存储识别结果的文件夹。

步骤 06　打开导出的文本文件"sdMerge.txt"，删除多余的空行。为方便分列，在姓名和学号之间输入一个空格，然后选中所有文本，按快捷键【Ctrl+C】复制文本。新建一个 Excel 工作簿"学生信息.xlsx"，在工作表中输入列名"姓名""学号""照片"，然后按快捷键【Ctrl+V】粘贴文本。

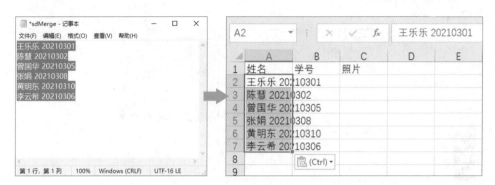

步骤 07　切换至"数据"选项卡，单击"数据工具"组中的"分列"按钮，打开"文本分列向导 - 第 1 步，共 3 步"对话框。在"原始数据类型"选项组中单击"分隔符号"单选按钮，再单击"下一步"按钮，进入"文本分列向导 - 第 2 步，共 3 步"对话框。步骤 06 在姓名和学号之间插入了一个空格，因此，这里在"分隔符号"选项组中勾选"空格"复选框，设置后在下方的"数据预览"框中可以看到分列效果，确认效果无误后单击"下一步"按钮。

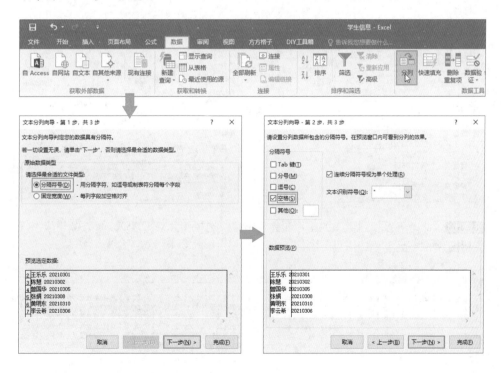

步骤 08 进入"文本分列向导 - 第 3 步，共 3 步"对话框，保留默认的"常规"列数据格式，单击"完成"按钮，将数据中的姓名和学号分为两列。

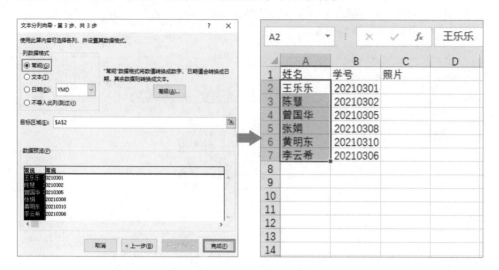

步骤 09 选中"照片"列下方的空白单元格，切换至"DIY 工具箱"选项卡，单击"导入图片"按钮，打开"导入图片"对话框。在对话框中单击"添加"按钮，添加要导入的图片，然后勾选"同时标注"复选框，并将其设置为"'完整路径'到'图片所在单元格'"，单击"确定"按钮。

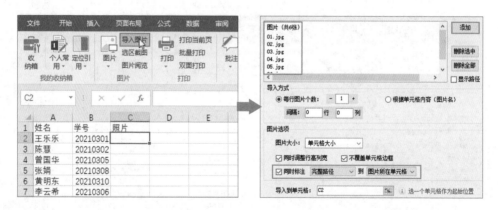

步骤 10 此时可以看到导入的图片和完整路径。选中图片后按【Delete】键删除，只保留图片的路径。

步骤 11　单击"文件"菜单，再依次单击"导出"和"更改文件类型"按钮，在右侧的"更改文件类型"列表中双击"文本文件（制表符分隔）"选项，在弹出的"另存为"对话框中设置文本文件的存储位置和文件名，单击"保存"按钮。

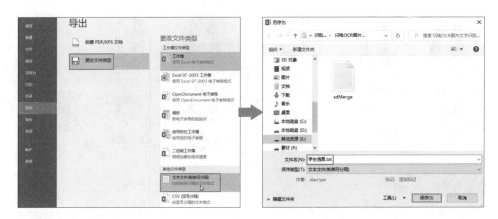

步骤 12　打开导出的文本文件，可看到在一部分姓名前出现了"?"，为避免在 Photoshop 中导入数据时出错，需要将其删除，然后按快捷键【Ctrl+S】保存文件。至此，已完成学生卡数据文件的制作。

步骤 13　在学生卡上只需要显示学生的照片，而不需要保留下方的手写文字，这里应用之前创建的"批量裁剪一寸照片"动作来裁剪照片。执行"文件 > 自动 > 批处理"菜单命令，打开"批处理"对话框，在对话框中设置选项，将照片批量裁剪为 1 英寸大小。

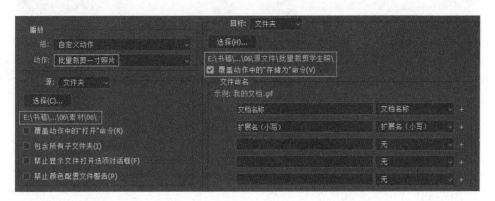

步骤14 打开目标文件夹，发现图像的背景还有杂色，可以在 Photoshop 中对图像进行裁剪和内容识别填充。

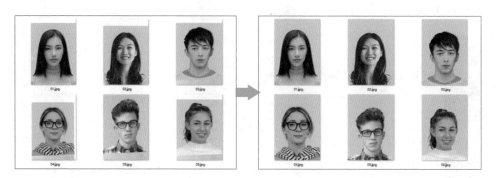

使用批量裁剪的方式裁剪证件照时，容易出现人物主体被裁掉或者留白的情况。为了避免出现这种情况，可以在拍摄照片时将相机的焦距设置得小一些，扩大取景范围，并将人物主体置于画面中间。

步骤15 打开学生卡模板"07.psd"，用"圆角矩形工具"在放置照片的位置绘制一个圆角矩形。打开一张裁剪好的学生照片，将图像复制、粘贴到矩形上方，得到一个新图层，将图层重命名为"照片"。创建剪贴蒙版，将人物图像置入矩形内部，并将蒙版中的人物图像移到合适的位置。

步骤16 用"横排文字工具"在照片右侧输入对应的学生姓名和学号，并在"图层"面板中将图层分别重命名为"姓名"和"学号"。

步骤 17 执行"图像 > 变量 > 定义"菜单命令,打开"变量"对话框,分别定义"照片" "姓名""学号"3 个变量:选择"照片"图层,勾选"像素替换"复选框,输入名称"照片";选择"姓名"图层,勾选"文本替换"复选框,输入名称"姓名";选择"学号"图层,勾选"文本替换"复选框,输入名称"学号"。

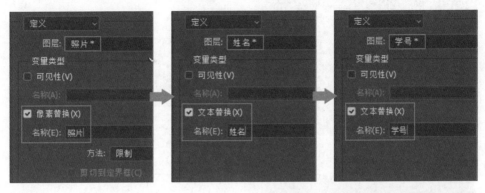

步骤 18 单击"定义"右侧的下拉按钮,选择"数据组"选项。单击右侧的"导入"按钮,打开"导入数据组"对话框,在对话框中单击"选择文件"按钮,在弹出的"载入"对话框中选中编辑好的"学生信息.txt",单击"载入"按钮。

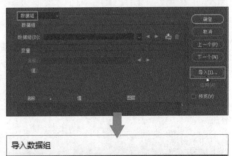

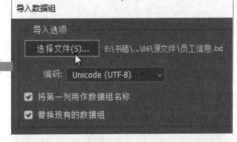

步骤 19 返回"导入数据组"对话框,在"编码"下拉列表框中选择"自动"选项,单击"确定"按钮,返回"变量"对话框,即可看到导入的数据,默认显示第一组数据。

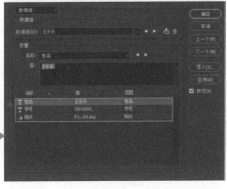

步骤 20　单击"数据组"右侧的"转到下一个数据组"按钮，可切换到下一组数据，在下方会显示对应的变量名称和变量值，同时，图像窗口中的学生照片、姓名、学号也会自动根据变量值变化。单击"确定"按钮，关闭"变量"对话框。

步骤 21　执行"文件 > 导出 > 数据组作为文件"菜单命令，打开"将数据组作为文件导出"对话框。在对话框中指定导出文件的存储位置，然后更改导出文件的命名方式，单击"确定"按钮，将制作的学生卡导出为 PSD 格式文件。

步骤 22　执行"文件 > 脚本 > 图像处理器"菜单命令，打开"图像处理器"对话框。取消勾选"运行动作"复选框，指定要处理的文件夹，单击"运行"按钮，在相同位置创建一个"JPEG"文件夹，将 PSD 格式文件批量转换为 JPEG 格式文件。

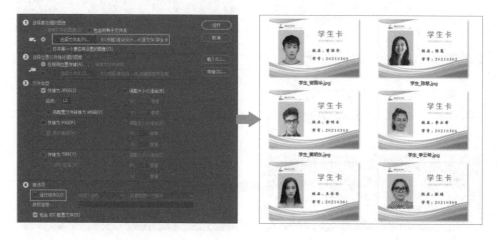

第 7 章

JavaScript
——设计师也会的编程语言

除了前面介绍的智能化和自动化功能，Adobe 公司还为 Photoshop 配备了一个强大的工具——JavaScript 脚本。用户可以根据自己的需求，使用脚本编辑工具 ExtendScript Toolkit 编写 JavaScript 脚本，以更加灵活的方式提高图像处理工作的效率。

7.1 设计师的第一个 JavaScript 脚本

ExtendScript Toolkit 为所有支持 JavaScript 的 Adobe 应用程序提供了交互式的开发和测试环境，其编写的脚本文件的扩展名为 ".jsx"。

下面使用 ExtendScript Toolkit 编写第一个 JavaScript 脚本，带领大家了解如何编写和调试脚本。该脚本的功能是在 Photoshop 中新建空白文档，并在画布中心输入文字。

> ⬇ **源文件** ┆ 案例文件\07\源文件\设计师的第一个JavaScript脚本.psd、设计师
> ┆ 的第一个JavaScript脚本.jsx

下载 ExtendScript Toolkit 工具包，双击 "ExtendScript Toolkit.exe"，启动 ExtendScript Toolkit。程序默认创建一个名为 "来源1" 的空白 JavaScript 脚本，如下图所示。接下来在代码编辑区编写代码。

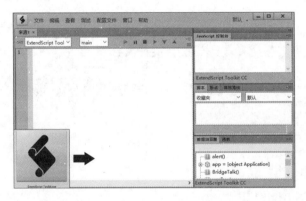

本节的脚本要新建文档并输入文字，这就涉及标尺单位和文字单位的设置，其中标尺单位决定了 Photoshop 中大部分图像元素的尺寸单位，如文档的宽度和高度的单位。相应代码如下：

```
1  app.preferences.rulerUnits = Units.INCHES
2  app.preferences.typeUnits = TypeUnits.POINTS
```

> 📢 **小提示**
>
> 一条 JavaScript 语句结束的地方可以加分号，也可以不加分号。本书采用不加分号的书写方式。

上述代码通过分别为应用程序的 rulerUnits 属性和 typeUnits 属性赋值来设置标尺单位和文字单位。这里设置的标尺单位为 Units.INCHES（英寸），可根据实际需要将 INCHES 修改为 MM（毫米）、CM（厘米）、PIXELS（像素）、POINTS（点）等；设置的文字单位为 TypeUnits.POINTS（点），也可根据实际需要将 POINTS 修改为 MM（毫米）、PIXELS（像素）。

设置完单位，开始新建文档。相应代码如下：

```
1    var docRef = app.documents.add(8, 8)
```

上述代码调用 Documents 对象的 add() 函数新建文档，指定文档的宽度和高度均为 8（单位为前面设置的英寸），并将新文档赋给变量 docRef。

编写完 3 行代码，先来运行一下看看效果。在 ExtendScript Toolkit 的"选择目标应用程序"下拉列表框中选择"Adobe Photoshop 2021"作为运行脚本的目标程序，再单击"开始运行脚本"按钮，运行已输入的代码，可以看到在 Photoshop 中创建了一个 8 英寸×8 英寸的空白文档，如下图所示。

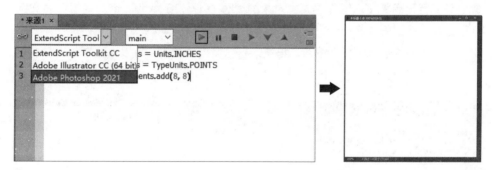

接着在新文档中新建一个图层，并将该图层设置为文本图层。相应代码如下：

```
1    var artLayerRef = docRef.artLayers.add()
2    artLayerRef.kind = LayerKind.TEXT
```

第 1 行代码调用 ArtLayers 对象的 add() 函数在当前文档中新建一个图层，并将该图层赋给变量 artLayerRef。

第 2 行代码通过将图层对象的 kind 属性赋值为 LayerKind.TEXT，将新图层设置为文本图层。Photoshop 中的图层有很多类型，如填充图层、调整图层、3D 图层、视频图层等，本书限于篇幅不介绍相应的设置代码，感兴趣的读者可以参考 Photoshop 脚本手册。

单击"开始运行脚本"按钮，再次运行已输入的代码，可以看到在新文档中创建了一个文本图层，此时图层内容为空，如下图所示。

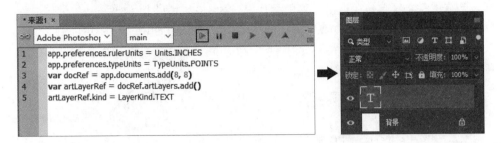

现在在文本图层中输入文字"Hello, World"，并调整其大小。相应代码如下：

```
1   artLayerRef.textItem.contents = "Hello, World"
2   artLayerRef.textItem.size = 50
```

第 1 行代码将字符串"Hello, World"赋给文本图层中文本对象的 contents 属性，表示设置文本对象的文本内容为"Hello, World"。

第 2 行代码将文本图层中文本对象的 size 属性赋值为 50。因为前面已将文字单位设置为点，所以这行代码表示将文字的大小设置为 50 点。

单击"开始运行脚本"按钮，再次运行已输入的代码，可以看到在新文档左上方显示了设置的文本内容"Hello, World"，如下图所示。

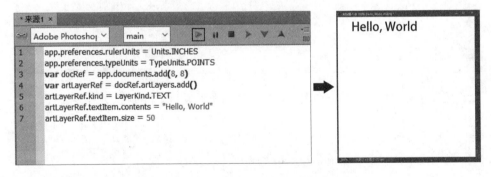

下面要将文字移到画布中心，这需要根据图层内容移动前和移动后的坐标计算移动的距离。先获取图层内容移动前的坐标，相应代码如下：

```
1   var p = artLayerRef.bounds
2   var X1 = p[0]
3   var Y1 = p[1]
```

第 1 行代码调用图层对象的 bounds 属性获取图层内容左上角和右下角的坐标

（Photoshop 的坐标系以画布的左上角为原点），赋给变量 p。此时 p 是一个包含 4 个坐标值的数组，其中 p[0] 和 p[1] 分别对应图层内容左上角的 x 坐标和 y 坐标，p[2] 和 p[3] 分别对应图层内容右下角的 x 坐标和 y 坐标。

第 2 行和第 3 行代码将图层内容左上角的 x 坐标 p[0] 和 y 坐标 p[1] 分别赋给变量 X1 和 Y1。

接下来用所获取的 4 个坐标值计算出图层内容的宽度和高度，相应代码如下：

```
1    var layerWidth = p[2] - p[0]
2    var layerHeight = p[3] - p[1]
```

第 1 行代码用右下角的 x 坐标 p[2] 减去左上角的 x 坐标 p[0]，计算出图层内容的宽度，赋给变量 layerWidth。

第 2 行代码用右下角的 y 坐标 p[3] 减去左上角的 y 坐标 p[1]，计算出图层内容的高度，赋给变量 layerHeight。

计算出图层内容的宽度和高度后，还要计算移动后图层内容左上角的 x 坐标和 y 坐标，相应代码如下：

```
1    var X2 = (docRef.width - layerWidth) / 2
2    var Y2 = (docRef.height - layerHeight) / 2
```

因为要将图层内容置于画布中心，所以文档宽度与图层内容宽度的差值的一半就是移动后图层内容左上角的 x 坐标，文档高度与图层内容高度的差值的一半则是移动后图层内容左上角的 y 坐标。上述代码根据这个思路计算出移动后图层内容左上角的 x 坐标和 y 坐标，并分别赋给变量 X2 和 Y2。其中调用了文档对象的 width 属性和 height 属性获取文档的宽度和高度。

现在可以移动图层内容了，相应代码如下：

```
1    artLayerRef.translate(X2 - X1, Y2 - Y1)
```

移动图层内容需要调用图层对象的 translate() 函数，函数的两个参数分别为在 x 轴和 y 轴方向移动的距离。上述代码用移动后左上角的 x 坐标减去移动前左上角的 x 坐标，计算出在 x 轴方向移动的距离，用同样的方法计算出在 y 轴方向移动的距离。

单击"开始运行脚本"按钮，再次运行代码，可以看到文本对象被移动到画布中心，如下页图所示。

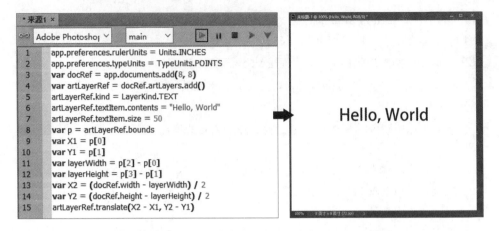

此时的代码已经能实现本节开头设定的目标。但是为了避免脚本中设置的单位影响 Photoshop 中设置的单位，最好在脚本的开头和末尾分别对单位设置进行备份和还原。

备份单位设置的代码如下：

```
1   var startRulerUnits = app.preferences.rulerUnits
2   var startTypeUnits = app.preferences.typeUnits
```

上述代码通过调用应用程序的 rulerUnits 属性和 typeUnits 属性分别获取当前的标尺单位和文字单位的设置，并存储到变量 startRulerUnits 和 startTypeUnits 中。

还原单位设置的代码如下：

```
1   app.preferences.rulerUnits = startRulerUnits
2   app.preferences.typeUnits = startTypeUnits
```

上述代码将存储在变量 startRulerUnits 和 startTypeUnits 中的单位设置重新赋给应用程序的 rulerUnits 属性和 typeUnits 属性，达到还原单位设置的目的。

在脚本的开头和末尾分别添加备份和还原单位设置的代码，得到完整代码如下：

```
1   var startRulerUnits = app.preferences.rulerUnits
2   var startTypeUnits = app.preferences.typeUnits
3   app.preferences.rulerUnits = Units.INCHES
4   app.preferences.typeUnits = TypeUnits.POINTS
5   var docRef = app.documents.add(8, 8)
```

```
6    var artLayerRef = docRef.artLayers.add()
7    artLayerRef.kind = LayerKind.TEXT
8    artLayerRef.textItem.contents = "Hello, World"
9    artLayerRef.textItem.size = 50
10   var p = artLayerRef.bounds
11   var X1 = p[0]
12   var Y1 = p[1]
13   var layerWidth = p[2] - p[0]
14   var layerHeight = p[3] - p[1]
15   var X2 = (docRef.width - layerWidth) / 2
16   var Y2 = (docRef.height - layerHeight) / 2
17   artLayerRef.translate(X2 - X1, Y2 - Y1)
18   app.preferences.rulerUnits = startRulerUnits
19   app.preferences.typeUnits = startTypeUnits
```

　　最后保存编写好的脚本。执行"文件 > 保存"菜单命令或按快捷键【Ctrl+S】，在弹出的"另存为"对话框中设置保存位置和文件名，单击"保存"按钮，即可将脚本保存为".jsx"文件。

　　如果想要再次运行保存的脚本，可以使用 3 种方法。

　　方法一是在 ExtendScript Toolkit 中打开".jsx"文件，在工具栏中选择目标程序为 Photoshop，然后单击"开始运行脚本"按钮。

　　方法二是在 Photoshop 中执行"文件 > 脚本 > 浏览"菜单命令，在弹出的"载入"对话框中找到并选中".jsx"文件，单击"载入"按钮，即可载入并运行脚本。

　　方法三是将".jsx"文件放在 Photoshop 安装目录下的 Scripts 文件夹（默认为 C:\Program Files\Adobe\Adobe Photoshop 2021\Presets\Scripts）中，如下左图所示。然后重新启动 Photoshop，执行"文件 > 脚本"菜单命令，在弹出的子菜单中就会显示添加的脚本，如下右图所示，单击脚本即可运行。

7.2 批量重命名图层

Photoshop 默认以"图层 ×"的方式命名图层。这种命名方式不能直观地反映图层内容，当图层较多时不便于寻找图层。本节就要通过编写 JavaScript 脚本来批量重命名图层。

素　材	案例文件 \ 07 \ 素材 \ 01.psd	
源文件	案例文件 \ 07 \ 源文件 \ 批量重命名图层.psd、批量重命名图层.jsx	

在 Photoshop 中打开素材文件"01.psd"，如下左图所示。展开"图层"面板，观察图层的堆叠顺序和图层中图像的对应关系，发现有一定的规律：编号为 1 的图像位于最底层（"背景"图层上方的图层），编号为 2 的图像位于倒数第 2 层……编号为 24 的图像位于最顶层。但是图层的命名方式比较乱，图层名称中的数字与图像的实际编号不符，如下右图所示。

素材文件的图层排列顺序虽然有规律，但不符合大多数人的思维习惯，所以先利用 Photoshop 的功能对图层进行反向排列。按快捷键【Ctrl+Alt+A】，选中"图层"面板中除"背景"图层外的所有图层，然后执行"图层 > 排列 > 反向"菜单命令，将图层反向排列，如下图所示。

将图层反向排列后，编号为 1 的图像位于最顶层，编号为 2 的图像位于第 2 层……编号为 24 的图像位于最底层（"背景"图层上方的图层），如下图所示。

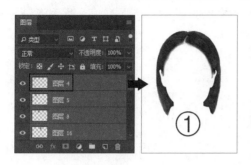 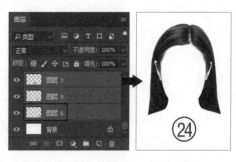

下面通过编写脚本，将图层从上到下依次重命名为"女生发型 1""女生发型 2"……"女生发型 24"，以与图层中图像的实际编号一一对应。在 ExtendScript Toolkit 中创建一个空白脚本文档，输入如下代码：

```
1    var prefix = prompt("请输入图层名称的前缀：", "女生发型")
2    var layers = app.activeDocument.layers
3    for (var i = 0; i < (layers.length - 1); i++)
4    {
5        layers[i].name = prefix + (i + 1)
6    }
```

第 1 行代码中的 prompt() 函数会在运行时弹出一个"脚本提示"对话框，其中有一个文本框，供用户输入内容。prompt() 函数的第 1 个参数是对话框中的提示文字，第 2 个参数是文本框中的默认文本。因此，第 1 行代码表示弹出对话框，接收用户输入的图层名称前缀，并将输入结果赋给变量 prefix。用这种方式在脚本运行过程中获取用户输入的内容作为参数值，可以提高脚本的灵活性。

第 2 行代码先用 activeDocument 属性获取当前活动文档，再用 layers 属性获取当前活动文档的所有图层，然后赋给变量 layers。此时 layers 是一个数组，其中 layers[0] 代表第 1 个图层（最顶层），layers[1] 代表第 2 个图层，依此类推。本节的素材文件共有 25 个图层（包括"背景"图层），因此，这些图层的序号为 0～24，而需要重命名的图层的序号为 0～23。

第 3 行代码使用 for 语句构造循环，用于遍历图层，循环变量 i 代表图层的序号。其中 i = 0 表示变量 i 的起始值为 0；i < (layers.length - 1) 是一个条件，当变量 i 的值不满足该条件时循环便会终止，layers.length 表示图层数量，这里为 25，故 i < (layers.length - 1) 相当于 i < 24；i++ 表示每循环一次就让变量 i 的值增加 1。因此，

第 3 行代码表示让变量 i 的值从 0 依次变化到 23。

遍历图层时，每循环一次就执行一次"{}"中的代码，即第 5 行代码。这行代码表示对遍历到的当前图层以"图层名称前缀 + 序号"的方式重命名。因为变量 i 的起始值为 0，而我们想让图层名称中的序号从 1 开始，所以还需要将 i 加上 1。

输入完代码后，按快捷键【Ctrl+S】，将脚本保存为"批量重命名图层.jsx"。

在 Photoshop 中执行"文件 > 脚本 > 浏览"菜单命令，在弹出的"载入"对话框中选择前面保存的脚本文件"批量重命名图层.jsx"，单击"载入"按钮，载入并运行脚本，如右图所示。

随后会弹出"脚本提示"对话框，其中显示了代码中指定的提示文字，并在文本框中显示代码中指定的默认前缀文本，如右图所示。根据实际需求修改文本框中的前缀文本，单击"确定"按钮。

脚本运行完毕后，观察重命名后的图层，可看到"女生发型 1"图层对应编号为 1 的图像，后面的图层也是这样一一对应的，如下图所示，说明成功地完成了图层的批量重命名。

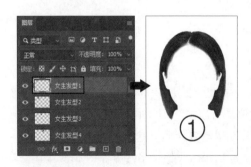
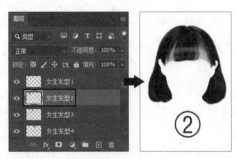

7.3 批量自动优化图片

在工作中，设计师经常会对大量图片进行相同的优化操作，如调整明暗和颜色等。通过前几章的学习，我们已经知道这项工作可以用创建动作的方式来批量完成。本节则要通过编写 JavaScript 脚本来批量完成这项工作。

素　材	案例文件 \ 07 \ 素材 \ 02（文件夹）
源文件	案例文件 \ 07 \ 源文件 \ 批量自动优化图片（文件夹）、批量自动优化图片.jsx

在 ExtendScript Toolkit 中创建一个空白脚本文档，输入如下代码：

```
1   var inputFolder = Folder.selectDialog("请选择输入文件夹：")
2   var outputFolder = Folder.selectDialog("请选择输出文件夹：")
3   if (inputFolder != null && outputFolder != null)
4   {
5       var fileList = inputFolder.getFiles()
6       for (var i = 0; i < fileList.length; i++)
7       {
8           if (fileList[i] instanceof File && fileList[i].
            hidden == false)
9           {
10              var docRef = app.open(fileList[i])
11              docRef.activeLayer.autoContrast()
12              docRef.activeLayer.autoLevels()
13              var fileName = "手提包" + i + ".jpg"
14              var file = new File(outputFolder + "/" + file-
                Name)
15              var options = new JPEGSaveOptions()
16              docRef.saveAs(file, options, true, Extension.
                LOWERCASE)
17              docRef.close(SaveOptions.DONOTSAVECHANGES)
18          }
19      }
20  }
```

第 1 行和第 2 行代码调用 Folder 对象的 selectDialog() 函数，弹出文件夹选择对话框，让用户选择输入文件夹（存放待处理图片的文件夹）和输出文件夹（存放处理后图片的文件夹），并分别赋给变量 inputFolder 和 outputFolder。

> 🔊 **小提示**
>
> 　　如果不需要用户选择文件夹，也可以直接在代码中指定文件夹的路径。演示代码如下：
>
> ```
> 1   var inputFolder = new Folder("E:/07/素材/02")
> 2   var outputFolder = new Folder("E:/07/源文件/处理后")
> ```
>
> 　　引号中的文件夹路径可根据实际需求更改。需要注意的是，直接在代码中指定的文件夹必须真实存在，否则脚本运行时会报错。

　　第 3 行代码用 if 语句判断用户是否选择了输入文件夹和输出文件夹。只有用户同时选择了输入文件夹和输出文件夹，才会执行后面的代码。

　　第 5 行代码调用 getFiles() 函数获取输入文件夹下的所有文件和子文件夹。

　　第 6 行代码用 for 语句构造一个循环，用于遍历第 5 行代码中获取的文件和子文件夹。

　　第 8 行代码用 if 语句对遍历到的当前对象进行判断，只有该对象是文件（fileList[i] instanceof File）且不处于隐藏状态（fileList[i].hidden == false），才会执行后面的代码。

　　第 10～17 行代码用于在 Photoshop 中打开文件并做所需处理，然后以指定文件名另存到输出文件夹中。

　　第 10 行代码调用 open() 函数打开文件，并赋给变量 docRef。

　　第 11 行代码先用 activeLayer 属性获取当前文件的当前图层，再用 autoContrast() 函数对当前图层执行自动调整对比度的操作。

　　第 12 行代码先用 activeLayer 属性获取当前文件的当前图层，再用 autoLevels() 函数对当前图层执行自动调整色阶的操作。

　　第 13 行代码构造了一个格式为"手提包 ×.jpg"的文件名，其中"×"为数字序号。读者可根据实际需求更改文件名的格式。

　　第 14 行代码将第 13 行代码构造的文件名拼接在输出文件夹的路径后面，得到一个完整的文件路径，并赋给变量 file。在后面另存文件时会用到这个路径。

　　第 15 行代码调用 JPEGSaveOptions() 函数创建了一组 JPEG 格式设置（其中的所有参数均取默认值），并赋给变量 options。在后面另存文件时会用到这组参数。如果要另存为 PNG 格式，则调用 PNGSaveOptions() 函数。

　　第 16 行代码调用 saveAs() 函数将优化后的图片另存到输出文件夹中。函数的第 1 个参数是另存文件的路径，这里设置为第 14 行代码定义的文件路径；第 2

个参数是文件格式设置，这里设置为第 15 行代码定义的 JPEG 格式设置；第 3 个参数表示是否作为副本另存，这里设置为 true，表示另存为副本，如果设置为 false，则表示不另存为副本；第 4 个参数是文件扩展名的大小写设置，这里设置为 Extension.LOWERCASE，表示使用小写形式的扩展名，如果将 LOWERCASE 修改为 UPPERCASE，则表示使用大写形式的扩展名。

第 17 行代码调用 close() 函数关闭当前文件。close() 函数的参数 SaveOptions.DONOTSAVECHANGES 表示关闭文件时不存储更改。

输入完代码后，按快捷键【Ctrl+S】保存脚本文件。在 ExtendScript Toolkit 工具栏的"选择目标应用程序"下拉列表框中选择"Adobe Photoshop 2021"作为运行脚本的目标程序，再单击"开始运行脚本"按钮，开始运行代码。Photoshop 会依次弹出"请选择输入文件夹："对话框和"请选择输出文件夹："对话框，分别在对话框中选择输入文件夹和输出文件夹，如下图所示。

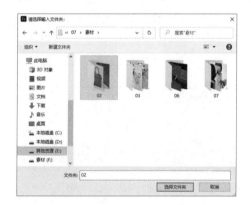 

随后 Photoshop 会自动根据脚本批量处理输入文件夹中的所有图片，并将处理后的图片另存到输出文件夹中，如下图所示。

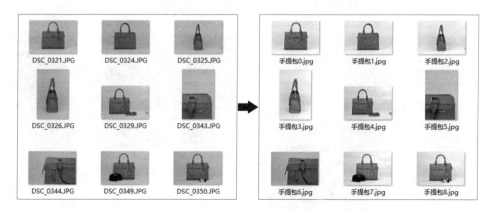

7.4 批量生成 Web 切图

为缩短网页中图片的下载时间，设计师在完成网页设计后，通常会将所有页面元素切片并导出为 Web 格式图片，供 Web 开发工程师使用。本节将介绍如何通过编写 JavaScript 脚本将图层快速导出为 Web 格式图片。

素　材	案例文件 \ 07 \ 素材 \ 03.jpg
源文件	案例文件 \ 07 \ 源文件 \ 批量生成Web切图（文件夹）、批量生成Web切图.psd

在 Photoshop 中打开网页设计稿"03.jpg"，这里要将设计稿分割为不同的图层并导出。按快捷键【Ctrl+R】显示标尺，从标尺上拖出裁切参考线，如下左图所示。选择"矩形选框工具"，根据参考线拖动鼠标绘制选区，选取页面导航栏，按快捷键【Ctrl+J】复制选区内的图像，得到"图层 1"图层，如下右图所示。

采用相同的方法，用"矩形选框工具"创建选区，然后选择"背景"图层，按快捷键【Ctrl+J】复制选区内的图像。最终将图像裁切成不同的大小并存储到不同的图层中，如右图和下图所示。

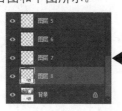 

接下来编写脚本，将分割好的图层分别导出为 Web 格式图片。代码的编写思路为：①遍历当前文档中的图层；②根据图层内容的尺寸新建文档；③将图层内容复制、粘贴到新文档中；④保存并关闭新文档。

在 ExtendScript Toolkit 中创建一个空白脚本文档，输入如下代码：

```
1   var outputFolder = Folder.selectDialog("请选择输出文件夹：")
2   if (outputFolder != null)
3   {
4       var docRef = app.activeDocument
5       var layers = docRef.layers
6       var ppi = docRef.resolution
7       var options = new ExportOptionsSaveForWeb()
8       options.transparency = true
9       options.colors = 256
10      options.format = SaveDocumentType.JPEG
11      for (var i = 0; i < layers.length - 1; i++)
12      {
13          layers[i].copy()
14          var bounds = layers[i].boundsNoEffects
15          var width = bounds[2] - bounds[0]
16          var height = bounds[3] - bounds[1]
17          var newdocRef = app.documents.add(width, height, ppi,
            "NewDocument", NewDocumentMode.RGB, DocumentFill.
            TRANSPARENT)
18          newdocRef.paste()
19          var fileName = "图片" + i + ".jpg"
20          var file = new File(outputFolder + "/" + fileName)
21          newdocRef.exportDocument(file, ExportType.SAVEFOR-
            WEB, options)
22          newdocRef.close(SaveOptions.DONOTSAVECHANGES)
23      }
24  }
```

第 1 行代码调用 Folder 对象的 selectDialog() 函数，弹出文件夹选择对话框，让用户选择输出文件夹，并赋给变量 outputFolder。

第 2 行代码用 if 语句判断用户是否选择了输出文件夹。只有用户选择了输出文件夹，才会执行后面的代码。

第 4 行代码用 activeDocument 属性获取当前文档，并赋给变量 docRef。

第 5 行代码用 layers 属性获取当前文档的所有图层，并赋给变量 layers。

第 6 行代码用 resolution 属性获取当前文档的分辨率，并赋给变量 ppi。后面新建文档时会用到这个值。

第 7 行代码用 ExportOptionsSaveForWeb() 函数创建了一组 Web 格式设置，并赋给变量 options。第 8 ～ 10 行代码对第 7 行代码创建的格式设置进行参数值自定义。其中第 8 行代码将 transparency 属性设置为 true，表示导出的图片将包含图层中的透明区域；第 9 行代码用 colors 属性设置导出图片的色彩范围为 256 色；第 10 行代码用 format 属性设置导出图片的格式为 JPEG 格式。

第 11 行代码用 for 语句构造一个循环，用于遍历第 5 行代码中获取的图层。因为不需要导出"背景"图层，所以设置执行循环的条件为 i < layers.length - 1。

第 13 行代码用 copy() 函数把遍历到的当前图层的内容复制到剪贴板。

第 14 行代码获取图层内容左上角和右下角的坐标，赋给变量 bounds。这里使用的是 boundsNoEffects 属性，表示将图层内容限定为不包含图层样式的区域。此时 bounds 是一个包含 4 个坐标值的数组，其中 bounds[0] 和 bounds[1] 分别对应图层内容左上角的 x 坐标和 y 坐标，bounds[2] 和 bounds[3] 分别对应图层内容右下角的 x 坐标和 y 坐标。

第 15 行和第 16 行代码根据第 14 行代码获取的坐标值分别计算出图层内容的宽度和高度，并赋给变量 width 和 height。

第 17 行代码用 add() 函数新建一个文档，并赋给变量 newdocRef。函数的第 1 个和第 2 个参数分别为新文档的宽度和高度，这里设置为第 15 行和第 16 行代码计算出的值；第 3 个参数为新文档的分辨率，这里设置为第 6 行代码获取的值；第 4 个参数为新文档的名称，这里设置为"NewDocument"；第 5 个参数为新文档的颜色模式，这里设置为 NewDocumentMode.RGB，表示 RGB 模式，可将 RGB 修改为 BITMAP（位图模式）、CMYK（CMYK 模式）、LAB（Lab 模式）、GRAYSCALE（灰度模式）等；第 6 个参数为新文档的背景内容，这里设置为 DocumentFill.TRANSPARENT，表示透明背景，可将 TRANSPARENT 修改为 BACKGROUNDCOLOR（用背景色填充）或 WHITE（用白色填充）。

第 18 行代码用 paste() 函数将剪贴板中的内容粘贴到新文档中。

第 19 行代码构造了一个格式为"图片 ×.jpg"的文件名，其中"×"为数字序号。读者可根据实际需求更改文件名的格式。

第 20 行代码将第 19 行代码构造的文件名拼接在输出文件夹的路径后面，得到一个完整的文件路径，并赋给变量 file。在后面导出文件时会用到这个路径。

第 21 行代码用 exportDocument() 函数将新文档导出到输出文件夹中。函数的第 1 个参数是导出文件的路径，这里设置为第 20 行代码定义的文件路径；第 2 个参数是导出的类型，这里设置为 ExportType.SAVEFORWEB，表示导出为 Web 格式图片；第 3 个参数是导出的格式设置，这里设置为第 7 ～ 10 行代码定义的格式设置。

第 22 行代码用 close() 函数关闭新文档。close() 函数的参数 SaveOptions. DONOTSAVECHANGES 表示关闭文档时不存储更改。

输入完代码后，按快捷键【Ctrl+S】保存脚本文件。在 ExtendScript Toolkit 工具栏的"选择目标应用程序"下拉列表框中选择"Adobe Photoshop 2021"作为运行脚本的目标程序，再单击"开始运行脚本"按钮，开始运行代码。在弹出的对话框中选择输出文件夹，如下左图所示，Photoshop 会根据脚本依次将分割后的图层导出到输出文件夹中，如下右图所示。

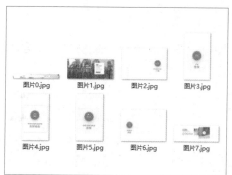

7.5　快速生成所有尺寸的 App 图标

为 iOS 平台上的 App 设计图标时，设计师通常会按照 iTunes Connect 的要求，采用 1024 像素×1024 像素的尺寸。但是，在上架 App 时，需要根据显示设备和展示场景进行适配，因此需要将图标的设计稿导出为不同尺寸的图标文件，并命名为指定的名称。本节将介绍如何通过编写 JavaScript 脚本批量生成不同尺寸的图标文件。

素　材	案例文件 \ 07 \ 素材 \ 04.png
源文件	案例文件 \ 07 \ 源文件 \ 快速生成所有尺寸的App图标（文件夹）、快速生成所有尺寸的App图标.jsx

代码的编写思路为：①构造一个数组，将不同尺寸图标的文件名和尺寸值存储在该数组中；②用 Photoshop 打开图标设计稿；③遍历数组，每遍历一次就取出一组文件名和尺寸值，按照尺寸值调整设计稿的尺寸，并按照文件名将设计稿导出为图标文件。

在 ExtendScript Toolkit 中创建一个空白脚本文档，输入如下代码：

```
1   var startRulerUnits = app.preferences.rulerUnits
2   app.preferences.rulerUnits = Units.PIXELS
3   var bigIcon = File.openDialog("选择一张1024×1024大小的图片: ",
    "*.png", false)
4   var outputFolder = Folder.selectDialog("选择一个输出文件夹: ")
5   if (bigIcon != null && outputFolder != null)
6   {
7       var pngDoc = app.open(bigIcon, OpenDocumentType.PNG)
8       var icons =
9       [
10          {"name": "iTunesArtwork", "size": 1024},
11          {"name": "-29",          "size": 29},
12          {"name": "-29-@2x",       "size": 58},
13          {"name": "-29-@3x",       "size": 87},
14          {"name": "-40",          "size": 40},
15          {"name": "-40-@2x",       "size": 80},
16          {"name": "-40-@3x",       "size": 120},
17          {"name": "-50",          "size": 50},
18          {"name": "-50-@2x",       "size": 100},
19          {"name": "-57",          "size": 57},
20          {"name": "-57-@2x",       "size": 114},
21          {"name": "-60-@2x",       "size": 60},
22          {"name": "-60-@3x",       "size": 120},
23          {"name": "-72",          "size": 72},
24          {"name": "-72-@2x",       "size": 144},
25          {"name": "-76",          "size": 76},
26          {"name": "-76-@2x",       "size": 152},
```

```
27          {"name": "-83_5-@2x",      "size": 167}
28      ]
29      var options = new ExportOptionsSaveForWeb()
30      options.format = SaveDocumentType.PNG
31      options.PNG8 = false
32      options.transparency = true
33      var startState = pngDoc.historyStates[0]
34      for (var i = 0; i < icons.length; i++)
35      {
36          var icon = icons[i]
37          pngDoc.resizeImage(icon.size, icon.size)
38          if (icon.name == "iTunesArtwork")
39          {
40              var fileName = icon.name
41          }
42          else
43          {
44              var fileName = "Icon" + icon.name + ".png"
45          }
46          var file = new File(outputFolder + "/" + fileName)
47          pngDoc.exportDocument(file, ExportType.SAVEFORWEB,
            options)
48          pngDoc.activeHistoryState = startState
49      }
50      pngDoc.close(SaveOptions.DONOTSAVECHANGES)
51  }
52  app.preferences.rulerUnits = startRulerUnits
```

第 1 行代码通过调用应用程序的 rulerUnits 属性获取当前的标尺单位设置，并
存储到变量 startRulerUnits 中。

第 2 行代码将标尺单位设置为像素（PIXELS）。

第 3 行代码调用 File 对象的 openDialog() 函数，弹出文件选择对话框，让用
户选择图标设计稿，并赋给变量 bigIcon。openDialog() 函数的第 1 个参数是显示

在对话框标题栏中的提示文字；第 2 个参数用于限定显示在对话框中的文件类型，这里设置为 "*.png"，表示仅显示 PNG 格式文件；第 3 个参数用于设置是否允许用户选择多个文件，这里设置为 false，表示仅允许用户选择一个文件。

第 4 行代码调用 Folder 对象的 selectDialog() 函数，弹出文件夹选择对话框，让用户选择输出文件夹，并赋给变量 outputFolder。

第 5 行代码用 if 语句判断用户是否选择了图标设计稿和输出文件夹。只有用户选择了图标设计稿和输出文件夹，才会执行后面的代码。

第 7 行代码用 open() 函数打开图标设计稿，并赋给变量 pngDoc。

第 8 ～ 28 行代码创建了一个数组，其中每个元素都是一个 JavaScript 对象，该对象有一个 name 属性和一个 size 属性，属性的值分别对应文件名和尺寸值。其中文件名与缩放倍率（移动 UI 设计中根据不同设备屏幕的像素密度规定的缩放倍数）有关。

第 29 行代码用 ExportOptionsSaveForWeb() 函数创建了一组 Web 格式设置，并赋给变量 options。第 30 ～ 32 行代码对第 29 行代码创建的格式设置进行参数值自定义。其中第 30 行代码用 format 属性设置导出图片的格式为 PNG 格式；第 31 行代码将 PNG8 属性设置为 false，表示使用 PNG-24 格式，以保证导出的图片具有较好的图像品质；第 32 行代码将 transparency 属性设置为 true，表示导出的图片将包含图层中的透明区域。

第 33 行代码用 historyStates 属性获取设计稿的历史状态，并赋给变量 startState。相当于将设计稿的历史状态做了一个备份，以便在每一次调整尺寸后都能将设计稿还原到初始尺寸。

第 34 行代码用 for 语句构造一个循环，用于遍历第 8 ～ 28 行代码创建的数组。遍历数组时，每循环一次就执行一次 "{}" 中的代码，即第 36 ～ 48 行代码。

第 36 行代码从数组中取出一组文件名和尺寸值，赋给变量 icon。第 37 行代码用 size 属性从 icon 中取出尺寸值，传给 resizeImage() 函数，完成设计稿尺寸的调整。

第 38 ～ 45 行代码用于根据 iOS 平台图标文件的命名规范构造导出文件的文件名。第 38 行代码用 name 属性从 icon 中取出文件名，然后用 if 语句进行判断：如果取出的文件名是 "iTunesArtwork"，则图标文件的文件名没有扩展名，即执行第 40 行代码，将取出的文件名直接赋给变量 fileName；如果取出的文件名不是 "iTunesArtwork"，则图标文件的文件名要有前缀 "Icon" 和扩展名 ".png"，即执行第 44 行代码，按要求添加前缀和扩展名后赋给变量 fileName。

第 46 行代码将第 38 ～ 45 行代码构造的文件名拼接在输出文件夹的路径后面，得到一个完整的文件路径，并赋给变量 file。在后面导出文件时会用到这个路径。

第 47 行代码用 exportDocument() 函数将调整尺寸后的设计稿导出到输出文件夹中。函数的第 1 个参数是导出文件的路径，这里设置为第 46 行代码定义的文件路径；第 2 个参数是导出的类型，这里设置为 ExportType.SAVEFORWEB，表示导出为 Web 格式图片；第 3 个参数是导出的格式设置，这里设置为第 29～32 行代码定义的格式设置。

第 48 行代码将设计稿的当前状态设置为第 33 行代码备份的状态，即将设计稿还原到初始尺寸，为下一次的尺寸调整做准备。

循环执行完毕后，用第 50 行代码关闭设计稿。

最后用第 52 行代码将标尺单位还原为第 1 行代码备份的设置。

输入完代码后，按快捷键【Ctrl+S】保存脚本文件。在 ExtendScript Toolkit 工具栏的"选择目标应用程序"下拉列表框中选择"Adobe Photoshop 2021"作为运行脚本的目标程序，再单击"开始运行脚本"按钮，开始运行代码。

在 Photoshop 中会弹出"选择一张 1024×1024 大小的图片："对话框，在该对话框中选择本节的素材文件"04.png"，单击"确定"按钮，如下左图所示。然后在弹出的对话框中选择输出文件夹，如下右图所示。

Photoshop 会打开所选的设计稿，依次调整尺寸后导出文件，如下图所示。

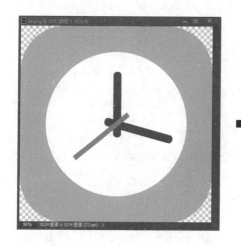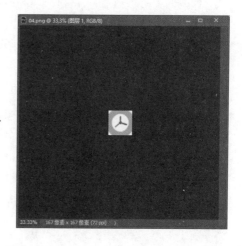

脚本运行完毕后，打开输出文件夹，即可看到生成的图标文件，如下图所示。

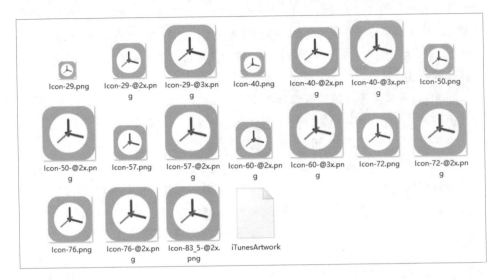

7.6 批量为图片添加文字水印

5.3 节介绍了如何通过录制动作为图片批量添加自定义水印，用这种方法添加的水印样式丰富且极具设计感，适用于对水印有较高要求的情况。如果我们只是想要在图片上添加一些简单的文字水印，还可以通过编写 JavaScript 脚本来实现。

素 材	案例文件\07\素材\05（文件夹）	
源文件	案例文件\07\源文件\批量为图片添加文字水印（文件夹）、批量为图片添加文字水印.jsx、将字体信息导出为CSV文件.jsx	

代码的编写思路为：①用 Photoshop 依次打开输入文件夹中的图片；②添加文本图层，设置图层的文本内容及大小、颜色、不透明度；③将图层内容移动到合适的位置，并适当旋转；④合并图层并导出图片。

在 ExtendScript Toolkit 中创建一个空白脚本文档，开始编写代码。

为方便计算水印文字的大小和位置，先设置标尺和文字的单位。相应代码如下：

```
1  var startRulerUnits = app.preferences.rulerUnits
2  var startTypeUnits = app.preferences.typeUnits
3  app.preferences.rulerUnits = Units.PIXELS
4  app.preferences.typeUnits = TypeUnits.PIXELS
```

第 1 行和第 2 行代码通过调用应用程序的 rulerUnits 属性和 typeUnits 属性分别获取当前的标尺单位和文字单位的设置，并存储到变量 startRulerUnits 和 start-TypeUnits 中。

第 3 行和第 4 行代码通过分别为应用程序的 rulerUnits 属性和 typeUnits 属性赋值，将标尺单位和文字单位都设置为像素（PIXELS）。

为图片添加水印需要让用户选择输入文件夹和输出文件夹。相应代码如下：

```
1    var inputFolder = Folder.selectDialog("请选择输入文件夹：")
2    var outputFolder = Folder.selectDialog("请选择输出文件夹：")
3    if (inputFolder != null && outputFolder != null)
4    {
5
6    }
```

第 1 行和第 2 行代码调用 Folder 对象的 selectDialog() 函数，弹出文件夹选择对话框，让用户选择输入文件夹和输出文件夹，并分别赋给变量 inputFolder 和 outputFolder。

第 3 行代码用 if 语句判断用户是否选择了输入文件夹和输出文件夹。只有用户同时选择了输入文件夹和输出文件夹，才会执行 "{}" 中的代码。

下面在 if 语句下方的 "{}" 中编写代码，对图片进行处理。先获取输入文件夹的内容。相应代码如下：

```
1        var fileList = inputFolder.getFiles()
```

这行代码调用 getFiles() 函数获取输入文件夹下的所有文件和子文件夹，将获取到的内容赋给变量 fileList。

然后构造一个循环，对输入文件夹的内容进行遍历。相应代码如下：

```
1        for (var i = 0; i < fileList.length; i++)
2        {
3
4        }
```

这部分代码的编写思路和前面的案例类似，这里不再赘述。

接着在 for 语句下方的 "{}" 中编写代码，对遍历到的对象进行判断，如果符合要求才做进一步处理。相应代码如下：

```
1        if (fileList[i] instanceof File && fileList[i].
         hidden == false)
2        {

3

4        }
```

第 1 行代码表示只有遍历到的对象是文件（fileList[i] instanceof File）且不处于隐藏状态（fileList[i].hidden == false），才会执行"{}"中的代码。

如果遍历到的对象符合要求，即可在 Photoshop 中打开。在 if 语句下方的"{}"中输入如下代码：

```
1        var docRef = app.open(fileList[i])
```

这行代码用 open() 函数打开文件，并赋给变量 docRef。

打开文件以后，就可以在文件中创建文本图层，并在图层中输入所需的文字内容。相应代码如下：

```
1        var layerRef = docRef.artLayers.add()
2        layerRef.kind = LayerKind.TEXT
3        layerRef.textItem.contents = "CopyRight @ Chuang
         Rui"
4        layerRef.textItem.size = docRef.width / 55
5        layerRef.textItem.font = "AlibabaPuHuiTi-Bold"
```

第 1 行代码调用 ArtLayers 对象的 add() 函数在当前文档中新建一个图层，并赋给变量 layerRef。

第 2 行代码通过将图层对象的 kind 属性赋值为 LayerKind.TEXT，将新图层设置为文本图层。

第 3 行代码通过给文本图层中文本对象的 contents 属性赋值，将图层的文本内容设置为"CopyRight @ ChuangRui"。

第 4 行代码通过给文本图层中文本对象的 size 属性赋值来设置文字的大小。这里的 docRef.width / 55 表示将文字大小设置为文档宽度的 1/55，单位为前面设置的像素。

第 5 行代码通过给文本图层中文本对象的 font 属性赋值来设置文字的字体。这里的 "AlibabaPuHuiTi-Bold" 表示"阿里巴巴普惠体"的粗体字。需要注意的是，字体名称应使用 PostScript 名称。

📢 **小提示**

使用如下脚本可将当前系统中安装的字体的信息导出为 CSV 文件：

```
var fontsRef = app.fonts
var txtfile = new File("E:/字体.csv")
txtfile.open("w")
txtfile.write("Family,Name,Style,PostScript Name\n")
for (var i = 0; i < fontsRef.length; i++)
{
    var str = fontsRef[i].family + "," + fontsRef[i].name
    + "," + fontsRef[i].style + "," + fontsRef[i].post-
    ScriptName + "\n"
    txtfile.write(str)
}
txtfile.close()
alert("导出完毕！")
```

第 2 行代码中的 CSV 文件路径可根据实际需求更改。在 ExtendScript Toolkit 中运行该脚本，再用 Excel 打开生成的 CSV 文件，"PostScript Name"列的内容就是可以在编写脚本时使用的字体名称，如下图所示。

	A	B	C	D	E
1	Family	Name	Style	PostScript Name	
2	阿里巴巴普惠体	Alibaba PuHuiTi Light	Light	AlibabaPuHuiTi-Light	
3	阿里巴巴普惠体	Alibaba PuHuiTi	Regular	AlibabaPuHuiTi-Regular	
4	阿里巴巴普惠体	Alibaba PuHuiTi Medium	Medium	AlibabaPuHuiTi-Medium	
5	阿里巴巴普惠体	Alibaba PuHuiTi Bold	Bold	AlibabaPuHuiTi-Bold	
6	阿里巴巴普惠体	Alibaba PuHuiTi Heavy	Heavy	AlibabaPuHuiTi-Heavy	
7	黑体	SimHei	Regular	SimHei	
8	楷体	KaiTi	Regular	KaiTi	
9	隶书	LiSu	Regular	LiSu	
10	宋体	SimSun	Regular	SimSun	
11	微软雅黑	Microsoft YaHei Light	Light	MicrosoftYaHeiLight	
12	微软雅黑	Microsoft YaHei	Regular	MicrosoftYaHei	
13	微软雅黑	Microsoft YaHei Bold	Bold	MicrosoftYaHei-Bold	
14	新宋体	NSimSun	Regular	NSimSun	
15	幼圆	YouYuan	Regular	YouYuan	

在工具栏中选择"Adobe Photo-shop 2021"作为目标程序，单击"开始运行脚本"按钮，运行已输入的代码。在弹出的对话框中选择输入文件夹和输出文件夹，随后可看到 Photoshop 自动打开输入文件夹中的图片并创建文本图层，如右图所示。

此时文字的颜色为黑色，位置在画面的顶端，与水印文字的常见效果还有一定差距。下面继续编写代码，调整文字的颜色和位置。

先来调整文字颜色，这里以设置成白色为例。相应代码如下：

```
1    var colorRef = new SolidColor()
2    colorRef.rgb.red = 255
3    colorRef.rgb.green = 255
4    colorRef.rgb.blue = 255
5    layerRef.textItem.color = colorRef
6    layerRef.fillOpacity = 50
```

第 1 行代码创建了一种颜色，并赋给变量 colorRef。

第 2～4 行代码设置 colorRef 的 RGB 值，方法是分别给 red、green、blue 属性赋值。这里将 3 个属性都赋值为 255，即将颜色设置为白色。读者可根据实际需求更改 red、green、blue 属性的值，设置其他的颜色。

第 5 行代码将设置好的颜色赋给文本对象的 color 属性，完成文字颜色的设置。

设置颜色后，还要适当降低文字的不透明度，让水印显得更自然。第 6 行代码将图层对象的 fillOpacity 属性赋值为 50，表示将图层的"填充"值设置为 50%。如果要更改图层的"不透明度"，可以为图层对象的 opacity 属性赋值。

再次运行已输入的代码，得到的水印文字效果如右图所示。可以看到水印文字变成了白色，并且"图层"面板中图层的"填充"值被设置为 50%。

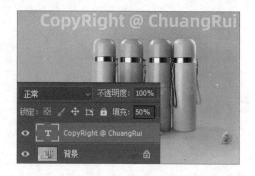

再来调整文字的位置，把文字移动到画布中心。这里使用的思路与 7.1 节略有不同，相应代码如下：

```
1    var p = layerRef.bounds
2    layerWidth = p[2] - p[0]
3    layerHeight = p[3] - p[1]
4    layerRef.translate(-p[0], -p[1])
5    var deltaX = (docRef.width - layerWidth) / 2
6    var deltaY = (docRef.height - layerHeight) / 2
7    layerRef.translate(deltaX, deltaY)
```

第 1 行代码调用图层对象的 bounds 属性获取图层内容左上角和右下角的坐标，赋给变量 p。此时 p 是一个包含 4 个坐标值的数组，其中 p[0] 和 p[1] 分别对应图层内容左上角的 x 坐标和 y 坐标，p[2] 和 p[3] 分别对应图层内容右下角的 x 坐标和 y 坐标。

第 2 行和第 3 行代码用获取的坐标值计算出图层内容的宽度和高度，分别赋给变量 layerWidth 和 layerHeight。

第 4 行代码调用图层对象的 translate() 函数移动图层内容。函数的两个参数分别为在 x 轴和 y 轴方向移动的距离，这里设置为 -p[0] 和 -p[1]，表示将图层内容移动到画布左上角，以便进行后续的计算。

第 5 行和第 6 行代码用文档和图层内容的高度和宽度计算出将左上角的图层内容置于画布中心需要移动的距离，分别赋给变量 deltaX 和 deltaY。

第 7 行代码再次调用图层对象的 translate() 函数，将图层内容移动到画布中心。

再次运行已输入的代码，得到的水印文字效果如右图所示。可以看到水印文字已被移到画布中心。

现在将文字旋转一定的角度，相应代码如下：

```
1    layerRef.rotate(-30, AnchorPosition.MIDDLECENTER)
```

这行代码调用图层对象的 rotate() 函数，将图层内容围绕指定的锚点旋转一定

171

的角度。函数的第 1 个参数是旋转的角度值，正数表示顺时针方向旋转，负数表示逆时针方向旋转，这里设置为 -30，表示逆时针方向旋转 30°；第 2 个参数是锚点的位置，这里设置为 AnchorPosition.MIDDLECENTER，表示以图层内容的正中心为锚点，可根据需求将 MIDDLECENTER 修改为其他值，如下图所示。

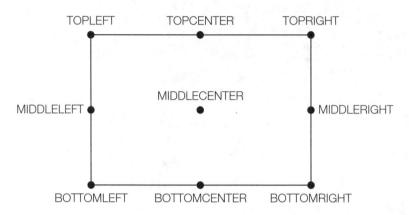

再次运行已输入的代码，得到的水印文字效果如右图所示。可以看到水印文字围绕其中心逆时针旋转了 30°。

至此就完成了水印的添加，现在可以将添加了水印的图像存储到输出文件夹中。相应代码如下：

```
1    layerRef.merge()
2    var file = new File(outputFolder + "/" + do-
     cRef.name)
3    var options = new JPEGSaveOptions()
4    docRef.saveAs(file, options, true, Extension.
     LOWERCASE)
5    docRef.close(SaveOptions.DONOTSAVECHANGES)
```

第 1 行代码调用图层对象的 merge() 函数，向下合并图层。

第 2 行代码将当前文档的文件名（docRef.name）拼接到输出文件夹的路径后面，得到一个完整的文件路径，并赋给变量 file。在后面另存文件时会用到这个路径。

第 3 行代码调用 JPEGSaveOptions() 函数创建了一组 JPEG 格式设置（其中

的所有参数均取默认值)，并赋给变量 options。在后面另存文件时会用到这组参数。

第 4 行代码调用 saveAs() 函数将当前文档另存到输出文件夹中。

第 5 行代码调用 close() 函数关闭当前文档。

最后还原之前备份的单位设置，在整个脚本的末尾输入如下代码：

```
1  app.preferences.rulerUnits = startRulerUnits
2  app.preferences.typeUnits = startTypeUnits
```

按快捷键【Ctrl+S】保存脚本文件，然后运行完整代码。在弹出的对话框中选择输入文件夹和输出文件夹，Photoshop 会依次打开输入文件夹中的图片，添加水印文字后保存到输出文件夹，如下图所示。

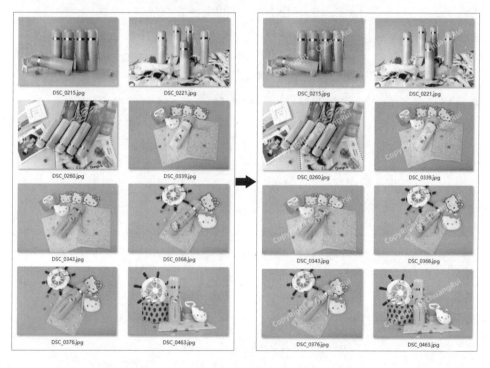

本节的完整代码如下：

```
1  var startRulerUnits = app.preferences.rulerUnits
2  var startTypeUnits = app.preferences.typeUnits
3  app.preferences.rulerUnits = Units.PIXELS
4  app.preferences.typeUnits = TypeUnits.PIXELS
5  var inputFolder = Folder.selectDialog("请选择输入文件夹：")
```

```
6    var outputFolder = Folder.selectDialog("请选择输出文件夹：")
7    if (inputFolder != null && outputFolder != null)
8    {
9        var fileList = inputFolder.getFiles()
10       for (var i = 0; i < fileList.length; i++)
11       {
12           if (fileList[i] instanceof File && fileList[i].
             hidden == false)
13           {
14               var docRef = app.open(fileList[i])
15               var layerRef = docRef.artLayers.add()
16               layerRef.kind = LayerKind.TEXT
17               layerRef.textItem.contents = "CopyRight @ Chuang
                 Rui"
18               layerRef.textItem.size = docRef.width / 55
19               layerRef.textItem.font = "AlibabaPuHuiTi-Bold"
20               var colorRef = new SolidColor()
21               colorRef.rgb.red = 255
22               colorRef.rgb.green = 255
23               colorRef.rgb.blue = 255
24               layerRef.textItem.color = colorRef
25               layerRef.fillOpacity = 50
26               var p = layerRef.bounds
27               layerWidth = p[2] - p[0]
28               layerHeight = p[3] - p[1]
29               layerRef.translate(-p[0], -p[1])
30               var deltaX = (docRef.width - layerWidth) / 2
31               var deltaY = (docRef.height - layerHeight) / 2
32               layerRef.translate(deltaX, deltaY)
33               layerRef.rotate(-30, AnchorPosition.MIDDLECENTER)
34               layerRef.merge()
35               var file = new File(outputFolder + "/" + do-
                 cRef.name)
```

```
36              var options = new JPEGSaveOptions()
37              docRef.saveAs(file, options, true, Extension.
                LOWERCASE)
38              docRef.close(SaveOptions.DONOTSAVECHANGES)
39          }
40      }
41  }
42  app.preferences.rulerUnits = startRulerUnits
43  app.preferences.typeUnits = startTypeUnits
```

7.7　批量压缩图片

当图片数量较多时，会占用很多硬盘存储空间，本节要通过编写 JavaScript 脚本完成多张图片的批量压缩，在保证图片画质的同时节省存储空间。

素　材	案例文件 \ 07 \ 素材 \ 06（文件夹）
源文件	案例文件 \ 07 \ 源文件 \ 批量压缩图片（文件夹）、批量压缩图片 .jsx

代码的编写思路比较简单：①用 Photoshop 依次打开输入文件夹中的图片；②将打开的图片导出到输出文件夹，通过设置导出选项适当降低图片质量，从而达到压缩图片的目的。

在 ExtendScript Toolkit 中创建一个空白脚本文档，开始编写代码。

首先让用户选择输入文件夹和输出文件夹。相应代码如下：

```
1  var inputFolder = Folder.selectDialog("请选择输入文件夹：")
2  var outputFolder = Folder.selectDialog("请选择输出文件夹：")
3  if (inputFolder != null && outputFolder != null)
4  {
5
6  }
```

第 1 行和第 2 行代码调用 Folder 对象的 selectDialog() 函数，弹出文件夹选择对话框，让用户选择输入文件夹和输出文件夹，并分别赋给变量 inputFolder 和 outputFolder。

第 3 行代码用 if 语句判断用户是否选择了输入文件夹和输出文件夹。只有用户同时选择了输入文件夹和输出文件夹，才会执行 "{}" 中的代码。

下面在 if 语句下方的 "{}" 中编写代码，对图片进行处理。先获取输入文件夹的内容。相应代码如下：

```
1    var fileList = inputFolder.getFiles()
```

这行代码调用 getFiles() 函数获取输入文件夹下的所有文件和子文件夹，将获取到的内容赋给变量 fileList。

然后构造一个循环，对输入文件夹的内容进行遍历。相应代码如下：

```
1    for (var i = 0; i < fileList.length; i++)
2    {
3
4    }
```

这部分代码的编写思路和前面的案例类似，这里不再赘述。

接着在 for 语句下方的 "{}" 中编写代码，对遍历到的对象进行判断，如果符合要求才做进一步处理。相应代码如下：

```
1    if (fileList[i] instanceof File && fileList[i].
     hidden == false)
2    {
3
4    }
```

第 1 行代码表示只有遍历到的对象是文件（fileList[i] instanceof File）且不处于隐藏状态（fileList[i].hidden == false），才会执行 "{}" 中的代码。

如果遍历到的对象符合要求，即可在 Photoshop 中打开。在 if 语句下方的 "{}" 中输入如下代码：

```
1        var docRef = app.open(fileList[i])
```

这行代码用 open() 函数打开文件，并赋给变量 docRef。

打开文件以后，开始设置导出选项。相应代码如下：

```
1          var options = new ExportOptionsSaveForWeb()
2          options.format = SaveDocumentType.JPEG
3          options.quality = 30
```

第 1 行代码用 ExportOptionsSaveForWeb() 函数创建了一组 Web 格式设置，并赋给变量 options。第 2 行代码用 format 属性设置导出图片的格式为 JPEG 格式。第 3 行代码用 quality 属性设置导出图片的品质，取值范围为 1～100，设置的值越小，导出图片的画质越差，占用的存储空间就越少，可根据实际需求设置合适的值。

最后按照设置的图片格式和品质将图片导出到输出文件夹。相应代码如下：

```
1          var file = new File(outputFolder + "/" + do-
           cRef.name)
2          docRef.exportDocument(file, ExportType.SAVE-
           FORWEB, options)
3          docRef.close(SaveOptions.DONOTSAVECHANGES)
```

第 1 行代码将当前文档的文件名（docRef.name）拼接到输出文件夹的路径后面，得到一个完整的文件路径，并赋给变量 file。

第 2 行代码用 exportDocument() 函数将当前文档导出到输出文件夹中。函数的第 1 个参数是导出文件的路径，这里设置为第 1 行代码定义的文件路径；第 2 个参数是导出的类型，这里设置为 ExportType.SAVEFORWEB，表示导出为 Web 格式图片；第 3 个参数是导出的格式设置，这里设置为前面定义的格式设置 options。

第 3 行代码调用 close() 函数关闭当前文档。

按快捷键【Ctrl+S】保存脚本文件，然后运行完整代码。在弹出的对话框中选择输入文件夹和输出文件夹，Photoshop 会依次打开输入文件夹中的图片，以指定的格式和品质导出到输出文件夹。以"DSC-2158.jpg"为例，压缩前该图片大小为 17.5 MB，压缩后图片的分辨率不变，但是文件大小变为 1.15 MB，如下图所示。

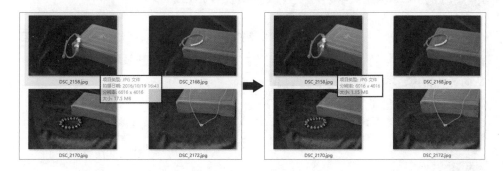

本节的完整代码如下：

```
1    var inputFolder = Folder.selectDialog("请选择输入文件夹：")
2    var outputFolder = Folder.selectDialog("请选择输出文件夹：")
3    if (inputFolder != null && outputFolder != null)
4    {
5        var fileList = inputFolder.getFiles()
6        for (var i = 0; i < fileList.length; i++)
7        {
8            if (fileList[i] instanceof File && fileList[i].
             hidden == false)
9            {
10               var docRef = app.open(fileList[i])
11               var options = new ExportOptionsSaveForWeb()
12               options.format = SaveDocumentType.JPEG
13               options.quality = 30
14               var file = new File(outputFolder + "/" + do-
                 cRef.name)
15               docRef.exportDocument(file, ExportType.SAVE-
                 FORWEB, options)
16               docRef.close(SaveOptions.DONOTSAVECHANGES)
17           }
18       }
19   }
```

7.8 自动旋转对象生成艺术图形

在 Photoshop 中，通过手动复制对象并进行旋转，可以制作出艺术图形，但其操作相对烦琐。本节将通过编写 JavaScript 脚本来复制并旋转已绘制的图形，从而快速创建艺术图形。

⬇ **源文件** ┊ 案例文件 \ 07 \ 源文件 \ 自动旋转对象生成艺术图形.psd、自动旋转
┊ 对象生成艺术图形.jsx

打开 Photoshop，执行"文件 > 新建"菜单命令，打开"新建文档"对话框，在对话框中指定新建文档的大小、名称等，然后自定义一个背景颜色，这里设置背景颜色为蓝色（R94、G197、B212），单击"创建"按钮，创建一个新文档，如下图所示。

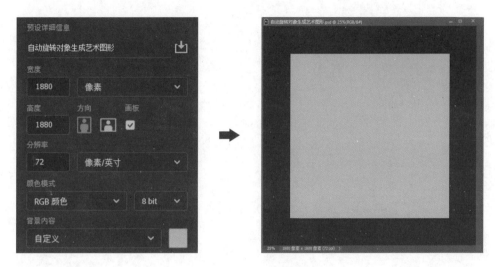

选择"自定形状工具"，选择"像素"工具模式，单击"形状"右侧的下拉按钮，打开"自定形状"拾色器，选择"花卉"形状组中的一种图形，在"背景"图层上方创建一个新图层，设置前景色为白色，在画布中绘制一个图形，如下图所示。

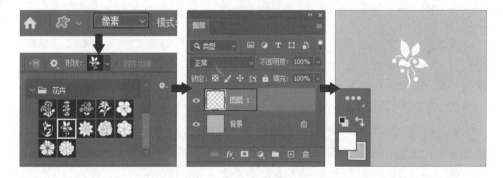

接下来编写脚本，让 Photoshop 自动复制并旋转绘制的图形。在 ExtendScript Toolkit 中创建一个空白脚本文档，开始编写代码。

首先让用户输入复制并旋转的次数，并判断输入的值是否符合要求。相应代码如下：

```
1   while (true)
2   {
```

```
3        var n = prompt("请输入复制并旋转的次数(2～100)：", 12)
4        if (n == null)
5        {
6            break
7        }
8        n = parseInt(n)
9        if ((n >= 2) && (n <= 100))
10       {
11           break
12       }
13       else
14       {
15           alert("请输入2到100之间的数字")
16       }
17   }
```

第 1 行代码用 while 语句构造了一个条件循环，这里设置循环条件为 true，相当于构造了一个永久循环。

第 3 行代码调用 prompt() 函数，弹出对话框，要求用户输入一个值，并赋给变量 n。

如果用户在对话框中单击了"取消"按钮，prompt() 函数会返回 null。因此，先用第 4 行代码判断变量 n 的值是否为 null，并根据判断结果执行不同的操作：如果为 null，说明用户想取消本次操作，则执行第 6 行代码中的 break 语句，提前跳出循环；如果不为 null，则继续执行循环中后续的第 8～16 行代码。

第 8 行代码调用 parseInt() 函数将变量 n 的值转换为整数，再重新赋给 n。如果变量 n 的值是一个小数，则 parseInt() 函数会直接去除小数部分，只保留整数部分。

第 9 行代码判断此时变量 n 的值是否在 2～100 这个区间内，并根据判断结果执行不同的操作：如果在区间内，则执行第 11 行代码中的 break 语句，提前跳出循环；如果不在区间内，则执行第 15 行代码，弹出对话框，显示提示信息。随后又会重新开始循环，直到用户单击"取消"按钮或输入符合要求的值为止。

运行代码，可看到 Photoshop 中弹出"脚本提示"对话框，并显示默认值 12，如右图所示。

在对话框中输入不符合要求的数值，如 110，单击"确定"按钮，将会弹出"脚本警告"对话框，如下图所示。单击"确定"按钮后会重新弹出"脚本提示"对话框，让用户重新输入。

获取了用户的输入，可以开始复制并旋转图形。因为用户单击"取消"按钮或输入符合要求的值都会跳出循环，而对于单击"取消"按钮的情况不需要执行任何后续操作，所以接下来要先判断变量 n 的值是否为 null，如果不为 null 才执行复制并旋转图形的操作。相应代码如下：

```
1  if (n != null)
2  {
3
4  }
```

然后在 if 语句下方的"{}"中编写复制并旋转图形的代码。先获取当前文档和当前图层，再新建一个图层组，将当前图层移至该图层组中。这样后续复制出的图层都会位于该图层组，从而方便对艺术图形的相关图层进行管理。相应代码如下：

```
1    var docRef = app.activeDocument
2    var layerRef = docRef.activeLayer
3    var layersetRef = docRef.layerSets.add()
4    layerRef.move(layersetRef, ElementPlacement.INSIDE)
```

第 1 行代码获取当前文档并赋给变量 docRef。

第 2 行代码从当前文档中获取当前图层，并赋给变量 layerRef。

第 3 行代码调用 add() 函数新建一个图层组，并赋给变量 layersetRef。

第 4 行代码调用 move() 函数将当前图层移至新建图层组中。函数的第 1 个参数是移动操作的参考对象，这里设置为第 3 行代码中新建的图层组；第 2 个参数是移动的目标位置，这里设置为 ElementPlacement.INSIDE，表示移至参考对象（即新建图层组）内。

接着构造一个循环，依次复制当前图层并将图层内容旋转一定的角度，得到艺术图形。相应代码如下：

```
1    for (var i = 1; i <= n; i++)
2    {
3        newlayerRef = layerRef.duplicate(layerRef, Element-
         Placement.PLACEBEFORE)
4        newlayerRef.rotate(360 / (n + 1) * i, AnchorPosi-
         tion.BOTTOMCENTER)
5    }
```

第 1 行代码用 for 语句构造了一个循环，让变量 i 的值从 1 开始变化，每循环一次就增加 1，最终等于变量 n 的值。

第 3 行代码调用 duplicate() 函数创建一个当前图层的副本（即复制一个图层），并赋给变量 newlayerRef。函数的第 1 个参数是复制操作的参考对象，这里设置为当前图层本身；第 2 个参数是复制的目标位置，这里设置为 ElementPlacement.PLACEBEFORE，表示将复制出的图层放在参考对象（即当前图层）上方。

第 4 行代码调用 rotate() 函数将复制图层的内容围绕指定锚点旋转一定的角度。

rotate() 函数的第 1 个参数是旋转的角度，这里设置为 360 / (n + 1) * i。为方便理解，可将原图层的内容视为一片花瓣。假设用户输入的值是 n，则复制并旋转后生成的图形应有 n + 1 片花瓣，每两片花瓣之间的角度为 360 / (n + 1)。复制出的第 1 片花瓣需要旋转的角度为 360 / (n + 1) * 1，第 2 片花瓣需要旋转的角度为 360 / (n + 1) * 2，依此类推。因此，这里将每次旋转的角度设置为 360 / (n + 1) * i。

rotate() 函数的第 2 个参数是锚点的位置，这里设置为 AnchorPosition.BOT-TOMCENTER，表示以图层内容的底边中心为锚点。读者可以按照 7.6 节的讲解重新指定锚点，生成各种不同效果的艺术图形。

按快捷键【Ctrl+S】保存脚本文件，然后运行完整代码。在弹出的对话框中输入复制并旋转的次数，如 5，单击"确定"按钮，即可在图像窗口中看到生成的艺术图形，如下图所示。

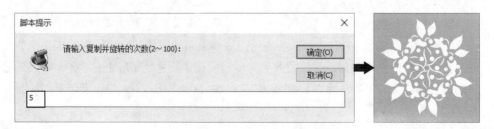

在"图层"面板中可看到新建的图层组及组中的
各个图层,如右图所示。

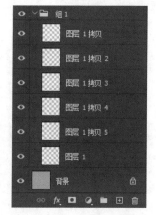

接着尝试使用不同的初始图形和次数值生成不同
的艺术图形。单击"创建新图层"按钮,新建"图层 2"
图层,如下图所示。

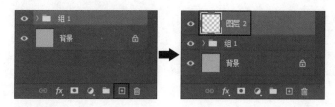

用"自定形状工具"在"图层 2"图层中绘制新的图形,然后再次运行代码,
在弹出的"脚本提示"对话框中输入复制并旋转的次数,单击"确定"按钮,生成
新的艺术图形。采用相同的方法,绘制更多初始图形,并运行代码,生成不同样式
的艺术图形,如下图所示。

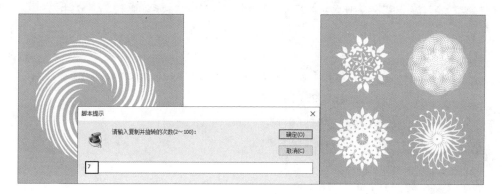

本节的完整代码如下:

```
1  while (true)
2  {
3      var n = prompt("请输入复制并旋转的次数(2~100): ", 12)
4      if (n == null)
5      {
6          break
7      }
8      n = parseInt(n)
9      if ((n >= 2) && (n <= 100))
```

```
10      {
11          break
12      }
13      else
14      {
15          alert("请输入2到100之间的数字")
16      }
17  }
18  if (n != null)
19  {
20      var docRef = app.activeDocument
21      var layerRef = docRef.activeLayer
22      var layersetRef = docRef.layerSets.add()
23      layerRef.move(layersetRef, ElementPlacement.INSIDE)
24      for (var i = 1; i <= n; i++)
25      {
26          newlayerRef = layerRef.duplicate(layerRef, Element-
            Placement.PLACEBEFORE)
27          newlayerRef.rotate(360 / (n + 1) * i, AnchorPosi-
            tion.BOTTOMCENTER)
28      }
29  }
```

7.9 批量生成缩略图

缩略图是原始图像的缩小版本，因文件体积小，加载和显示速度很快，常用于快速浏览。本节将通过编写 JavaScript 脚本，用 Photoshop 批量生成多张图片的缩略图。

素 材	案例文件\07\素材\07（文件夹）
源文件	案例文件\07\源文件\批量生成缩略图（文件夹）、批量生成缩略图.jsx

代码的编写思路为：①弹出对话框，让用户输入缩略图的尺寸值；②用 Photo-shop 依次打开输入文件夹中的图片；③按照输入的尺寸值调整图像尺寸，再另存到输出文件夹中。

在 ExtendScript Toolkit 中创建一个空白脚本文档，开始编写代码。

首先设置尺寸单位，这里将标尺单位设置为像素。相应代码如下：

```
1    var startRulerUnits = app.preferences.rulerUnits
2    app.preferences.rulerUnits = Units.PIXELS
```

第 1 行代码将当前的标尺单位设置保存到变量 startRulerUnits 中。

第 2 行代码将标尺单位设置为像素。

然后让用户输入缩略图的尺寸值。相应代码如下：

```
1    var size = parseInt(prompt("输入缩略图尺寸(像素): ", 100))
```

这行代码先调用 prompt() 函数弹出对话框，让用户输入缩略图的尺寸值，然后调用 parseInt() 函数把用户输入的内容转换为整数。

接着让用户选择输入文件夹和输出文件夹。相应代码如下：

```
1    var inputFolder = Folder.selectDialog("请选择输入文件夹: ")
2    var outputFolder = Folder.selectDialog("请选择输出文件夹: ")
3    if (inputFolder != null && outputFolder != null)
4    {
5
6    }
```

第 1 行和第 2 行代码调用 Folder 对象的 selectDialog() 函数，弹出文件夹选择对话框，让用户选择输入文件夹和输出文件夹，并分别赋给变量 inputFolder 和 outputFolder。

第 3 行代码用 if 语句判断用户是否选择了输入文件夹和输出文件夹。只有用户同时选择了输入文件夹和输出文件夹，才会执行 "{}" 中的代码。

下面在 if 语句下方的 "{}" 中编写代码，对图片进行处理。先获取输入文件夹的内容。相应代码如下：

```
1        var fileList = inputFolder.getFiles()
```

　　这行代码调用 getFiles() 函数获取输入文件夹下的所有文件和子文件夹，将获取到的内容赋给变量 fileList。

　　然后构造一个循环，对输入文件夹的内容进行遍历。相应代码如下：

```
1    for (var i = 0; i < fileList.length; i++)
2    {
3
4    }
```

　　这部分代码的编写思路和前面的案例类似，这里不再赘述。

　　接着在 for 语句下方的 "{}" 中编写代码，对遍历到的对象进行判断，如果符合要求才做进一步处理。相应代码如下：

```
1    if (fileList[i] instanceof File && fileList[i].
     hidden == false)
2    {
3
4    }
```

　　第 1 行代码表示只有遍历到的对象是文件（fileList[i] instanceof File）且不处于隐藏状态（fileList[i].hidden == false），才会执行 "{}" 中的代码。

　　如果遍历到的对象符合要求，即可在 Photoshop 中打开。在 if 语句下方的 "{}"中输入如下代码：

```
1            var docRef = app.open(fileList[i])
```

　　这行代码用 open() 函数打开文件，并赋给变量 docRef。

　　打开文件以后，开始调整图像尺寸。这里采用的调整策略为：将图像最长边的尺寸调整为用户输入的值，另一条边的尺寸则按照原始图像的宽高比做相应调整。相应代码如下：

```
1            if (docRef.width > docRef.height)
2            {
3                docRef.resizeImage(size)
4            }
```

```
5          else
6          {
7              docRef.resizeImage(undefined, size)
8          }
```

第 1 行代码使用 if 语句判断图像的宽度是否大于高度，并根据判断结果执行不同的操作：如果宽度大于高度，则执行第 3 行代码调整图像尺寸，否则执行第 7 行代码调整图像尺寸。调整图像尺寸调用的是 resizeImage() 函数，该函数的第 1 个参数是目标宽度，第 2 个参数是目标高度。第 3 行代码只给出了目标宽度，省略了目标高度，表示根据目标宽度和原始图像的宽高比自动计算目标高度。第 7 行代码则省略了目标宽度（设置为 undefined），只给出目标高度，表示根据目标高度和原始图像的宽高比自动计算目标宽度。

> **小提示**
>
> 如果要让缩略图都显示为正方形，可以使用 resizeCanvas() 函数调整画布大小。代码如下：
>
> ```
> 1    docRef.resizeCanvas(size, size, AnchorPosition.MID-
>      DLECENTER)
> ```

现在把调整尺寸后的图像另存到输出文件夹。相应代码如下：

```
1          var fileName = "咖啡机" + i + ".jpg"
2          var file = new File(outputFolder + "/" + file-
           Name)
3          var options = new JPEGSaveOptions()
4          docRef.saveAs(file, options, true, Extension.
           LOWERCASE)
5          docRef.close(SaveOptions.DONOTSAVECHANGES)
```

第 1 行代码构造了一个格式为"咖啡机 ×.jpg"的文件名，其中"×"为数字序号。读者可根据实际需求更改文件名的格式。

第 2 行代码将第 1 行代码构造的文件名拼接在输出文件夹的路径后面，得到一个完整的文件路径，并赋给变量 file。在后面另存文件时会用到这个路径。

第 3 行代码调用 JPEGSaveOptions() 函数创建了一组 JPEG 格式设置(其中的所有参数均取默认值),并赋给变量 options。在后面另存文件时会用到这组参数。

第 4 行代码调用 saveAs() 函数将当前文档另存到输出文件夹中。

第 5 行代码调用 close() 函数关闭当前文档。

最后还原之前备份的标尺单位设置。在整个脚本的末尾输入如下代码:

```
1    app.preferences.rulerUnits = startRulerUnits
```

按快捷键【Ctrl+S】保存脚本文件,然后运行完整代码。在弹出的"脚本提示"对话框中输入缩略图尺寸值,如200,单击"确定"按钮,如右图所示。

在随后弹出的对话框中分别选择输入文件夹和输出文件夹,Photoshop 就会根据输入的缩略图尺寸缩小输入文件夹中的图片,并保存到输出文件夹中。脚本运行完毕后,打开输入文件夹和输出文件夹进行对比,可以看到经过处理后图片的尺寸发生了变化,如下图所示。

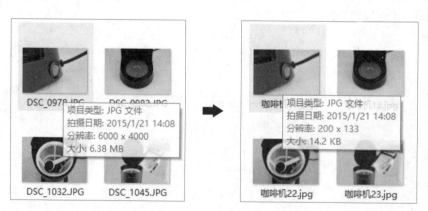

本节的完整代码如下:

```
1    var startRulerUnits = app.preferences.rulerUnits
2    app.preferences.rulerUnits = Units.PIXELS
3    var size = parseInt(prompt("输入缩略图尺寸(像素): ", 100))
4    var inputFolder = Folder.selectDialog("请选择输入文件夹: ")
5    var outputFolder = Folder.selectDialog("请选择输出文件夹: ")
6    if (inputFolder != null && outputFolder != null)
7    {
```

```
8       var fileList = inputFolder.getFiles()
9       for (var i = 0; i < fileList.length; i++)
10      {
11          if (fileList[i] instanceof File && fileList[i].
            hidden == false)
12          {
13              var docRef = app.open(fileList[i])
14              if (docRef.width > docRef.height)
15              {
16                  docRef.resizeImage(size)
17              }
18              else
19              {
20                  docRef.resizeImage(undefined, size)
21              }
22              var fileName = "咖啡机" + i + ".jpg"
23              var file = new File(outputFolder + "/" + file-
                Name)
24              var options = new JPEGSaveOptions()
25              docRef.saveAs(file, options, true, Extension.
                LOWERCASE)
26              docRef.close(SaveOptions.DONOTSAVECHANGES)
27          }
28      }
29  }
30  app.preferences.rulerUnits = startRulerUnits
```

第 8 章

Python
图像处理自动化

Python 是一种编程语言，因具有语法简洁、扩展性强等优点，在许多非专业编程领域也获得了广泛的应用。本章将讲解如何通过 Python 编程高效地完成图片的自动分类、格式转换、裁剪和翻转、添加边框以及从网站爬取图片等图像处理相关工作。

要编写和运行 Python 代码，需要安装 Python 解释器和代码编辑器，有时还需要安装一些 Python 第三方模块。相关内容以电子文档的形式提供给大家，获取方法见文前的"如何获取学习资源"栏目。建议读者先按照电子文档中的讲解安装好 Python 解释器和代码编辑器，并掌握 Python 第三方模块的安装方法，再继续往下学习。

8.1　自动分类图片

　　工作中经常会将不同格式的图片放置在同一个文件夹中，久而久之，文件夹会变得杂乱无章，不利于图片的检索。本节要通过编写 Python 代码，根据图片的扩展名将文件分类整理到不同的文件夹中。

素　材	案例文件 \ 08 \ 素材 \ 图片（文件夹）	
源文件	案例文件 \ 08 \ 源文件 \ 自动分类图片 .py、分类后的图片（文件夹）	

　　下图所示为要分类的图片，可以看到图片的扩展名有 ".jpg" 和 ".png" 两种。现在要根据扩展名对这些图片进行分类，即将图片分别移动到根据其扩展名命名的文件夹中。

　　代码的编写思路为：①罗列出指定文件夹下的所有图片；②根据扩展名创建文件夹；③根据扩展名将图片移动到对应的文件夹。

　　首先罗列出文件夹中要分类的所有图片。相应代码如下：

```
1    from pathlib import Path
2    old_folder = Path('F:\\案例文件\\08\\素材\\图片')
3    new_folder = Path('F:\\案例文件\\08\\源文件\\分类后的图片')
4    files = list(old_folder.glob('*.*'))
```

　　第 1 行代码导入的是 pathlib 模块中的 Path() 函数，后面会用它创建路径对象。pathlib 模块是 Python 的内置模块，无须手动安装。

　　第 2 行代码用于指定输入文件夹（存放待处理图片的文件夹，下同）的路径，这里为"F:\ 案例文件 \08\ 素材 \ 图片"。需要注意的是，在 Python 代码中书写路径时，分隔符可以使用 "\\" 或 "/"，本书统一使用 "\\"。

　　第 3 行代码用于指定输出文件夹（存放处理后图片的文件夹，下同）的路径，这里为 "F:\ 案例文件 \08\ 源文件 \ 分类后的图片"。

第 4 行代码使用 pathlib 模块的 glob() 函数罗列输入文件夹的内容。因为输入文件夹中只有图片，所以这里用 "*.*" 罗列所有文件，返回文件路径的列表。

获得了输入文件夹中图片的路径列表，就可以对图片进行分类整理。使用 for 语句遍历路径列表，然后使用 if 语句判断输出文件夹中是否存在以某个图片扩展名命名的文件夹，如果不存在，则创建该文件夹，再将图片移动到该文件夹中。相应代码如下：

```
1    for i in files:
2        if i.is_file():
3            new_path = new_folder / i.suffix.strip('.')
4            if not new_path.exists():
5                new_path.mkdir(parents=True)
6            i.replace(new_path / i.name)
```

第 1 行代码用于遍历前面获取的输入文件夹中所有图片的路径列表。

第 2 行代码使用 pathlib 模块的 is_file() 函数判断遍历到的当前路径是否指向一个文件，只有指向一个文件，才执行后续操作。

第 3 行代码用于生成以图片扩展名命名的文件夹路径。这里先用 pathlib 模块的 suffix 属性提取图片的扩展名，得到类似 '.png'、'.jpg' 的字符串，再用字符串的 strip() 函数去除开头的 "." 字符，最后用 pathlib 模块的路径拼接运算符 "/" 将输出文件夹路径 "F:\ 案例文件 \08\ 源文件 \ 分类后的图片" 与不带 "." 字符的扩展名字符串拼接起来，得到以扩展名命名的文件夹路径。

小提示

如果图片文件的扩展名大小写形式不统一，可用 upper() 或 lower() 函数将扩展名字符串统一转换为大写或小写形式。例如，要将扩展名字符串转换为大写形式，可将第 3 行代码修改为如下代码：

```
1            new_path = new_folder / i.suffix.strip('.').up-
             per()
```

第 4 行代码用 pathlib 模块的 exists() 函数判断第 3 行代码生成的路径指向的文件夹是否已存在。如果不存在，则执行第 5 行代码，用 pathlib 模块的 mkdir() 函数根据第 3 行代码生成的文件夹路径创建一个文件夹。第 5 行代码中设置 mkdir()

函数的参数 parents 为 True，表示自动创建多级文件夹。

第 6 行代码使用 pathlib 模块的 replace() 函数将文件移动到与其扩展名对应的文件夹中。其中使用了 pathlib 模块的 name 属性从路径中提取文件名部分。

本节的完整代码如下：

```
1   from pathlib import Path
2   old_folder = Path('F:\\案例文件\\08\\素材\\图片')
3   new_folder = Path('F:\\案例文件\\08\\源文件\\分类后的图片')
4   files = list(old_folder.glob('*.*'))
5   for i in files:
6       if i.is_file():
7           new_path = new_folder / i.suffix.strip('.')
8           if not new_path.exists():
9               new_path.mkdir(parents=True)
10          i.replace(new_path / i.name)
```

运行代码后，在文件夹"分类后的图片"下可看到以图片的扩展名命名的两个文件夹，如右图所示。

打开任意一个文件夹，如"jpg"，可看到其中的图片都是 JPEG 格式的，如下图所示。

读者如果要套用上述代码，根据实际需求修改第 2 行和第 3 行代码中的文件夹路径即可。

8.2　批量转换图片格式

转换图片格式是图像处理工作中常见的操作之一。本节要通过编写 Python 代码，批量完成多张图片的格式转换。

素 材	案例文件\08\素材\图片（文件夹）
源文件	案例文件\08\源文件\批量转换图片格式.py、转换格式后的图片（文件夹）

以下图所示的文件夹"图片"为例，现在要将该文件夹中所有 JPEG 格式的图片转换为 PNG 格式的图片。

代码的编写思路为：①列出输入文件夹下的所有 JPEG 格式图片并依次打开；②转换图片的格式，另存到输出文件夹下。

本案例需要用到 Python 第三方模块 Pillow。它是一个专业的图像处理模块，在编写代码之前，先用命令"pip install Pillow"安装该模块。

安装好 Pillow 模块后，开始编写代码。先导入模块并设置相关的文件夹路径。相应代码如下：

```
1  from pathlib import Path
2  from PIL import Image
3  old_folder = Path('F:\\案例文件\\08\\素材\\图片')
4  new_folder = Path('F:\\案例文件\\08\\源文件\\转换格式后的图片')
5  if not new_folder.exists():
6      new_folder.mkdir(parents=True)
```

第 2 行代码导入了 Pillow 模块的 Image 子模块。需要注意的是，安装模块时写为"Pillow"，而导入模块时要写为"PIL"。

第 3 行代码用于指定输入文件夹的路径，这里为"F:\案例文件\08\素材\图片"。

第 4 行代码用于指定输出文件夹的路径，这里为 "F:\案例文件\08\源文件\转换格式后的图片"。

第 5 行代码用 if 语句和 exists() 函数判断第 4 行代码中指定的文件夹路径是否存在，如果不存在，则执行第 6 行代码，用 pathlib 模块的 mkdir() 函数创建文件夹，为后续操作做好准备。

随后就可以编写代码转换图片格式了。相应代码如下：

```
1    file_list = list(old_folder.glob('*.jpg'))
2    for i in file_list:
3        new_file = new_folder / i.name
4        new_file = new_file.with_suffix('.png')
5        Image.open(i).save(new_file)
```

第 1 行代码获取 JPEG 格式文件的路径列表，其中的"*.jpg"表示仅罗列扩展名为".jpg"的文件。

第 3 行和第 4 行代码用于生成一个指向输出文件夹、以".png"为扩展名的文件路径。例如，假设变量 i 代表路径"F:\ 案例文件 \08\ 素材 \ 图片 \ 花卉 1.jpg"，则第 3 行代码中的 i.name 代表"花卉 1.jpg"，与变量 new_folder 中的路径拼接后，得到路径"F:\ 案例文件 \08\ 源文件 \ 转换格式后的图片 \ 花卉 1.jpg"，并将其赋给变量 new_file；第 4 行代码使用 pathlib 模块的 with_suffix() 函数对路径的扩展名部分进行替换，这里设置的新扩展名为".png"，因此，变量 new_file 的路径变为"F:\ 案例文件 \08\ 源文件 \ 转换格式后的图片 \ 花卉 1.png"。

第 5 行代码用于打开图片，将图片转换为 PNG 格式，并保存到输出文件夹下。其中的 open() 和 save() 都是 Pillow 模块的 Image 子模块中的函数。open() 函数用于打开指定路径下的图片；save() 函数用于将图片保存到指定路径下，它会自动根据路径中的扩展名判断将图片保存为哪种格式。因为第 4 行代码将路径中的扩展名替换为了".png"，所以 save() 函数会将打开的图片保存为 PNG 格式。

本节的完整代码如下：

```
1    from pathlib import Path
2    from PIL import Image
3    old_folder = Path('F:\\案例文件\\08\\素材\\图片')
4    new_folder = Path('F:\\案例文件\\08\\源文件\\转换格式后的图片')
5    if not new_folder.exists():
6        new_folder.mkdir(parents=True)
7    file_list = list(old_folder.glob('*.jpg'))
8    for i in file_list:
9        new_file = new_folder / i.name
10       new_file = new_file.with_suffix('.png')
```

```
11    Image.open(i).save(new_file)
```

运行代码后，打开文件夹"转换格式后的图片"，可以看到转换后的 PNG 格式图片，如下图所示。

读者如果要套用上述代码，需要修改以下部分：

• 根据实际需求修改第 3 行和第 4 行代码中的文件夹路径。

• 根据实际需求修改第 7 行代码中 glob() 函数的罗列条件。例如，如果要转换的图片都是 BMP 格式，则将"*.jpg"修改为"*.bmp"；如果要转换的图片有多种格式，则将"*.jpg"修改为"*.*"。

• 根据实际需求修改第 10 行代码中 with_suffix() 函数的扩展名参数。例如，要将图片都转换为 TIF 格式，则将".png"修改为".tif"。

8.3　自动清理重复图片

本节所说的重复图片是指文件内容完全相同、仅是文件名不同的图片。重复图片会造成硬盘存储空间的浪费，下面通过编写 Python 代码来自动清理重复图片。

素　材	案例文件 \ 08 \ 素材 \ 图片1（文件夹）
源文件	案例文件 \ 08 \ 源文件 \ 自动清理重复图片.py

以下图所示的文件夹"图片 1"为例，其中有 4 组重复图片："风景.png"和"风景 1.png"，"花.png"和"花 1.png"，"花卉 6.jpg"和"花卉 7.jpg"，"植物.png"和"植物 1.png"。现在要找出重复的图片，并将其删除。

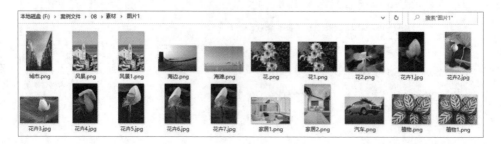

代码的编写思路为：①列出输入文件夹下的所有图片；②两两比较文件内容是否相同，如果相同，则将其中一张图片删除。

先导入模块并设置相关的文件夹路径。相应代码如下：

```
1    from pathlib import Path
2    from filecmp import cmp
3    folder = Path('F:\\案例文件\\08\\素材\\图片1')
```

第 2 行代码导入 filecmp 模块中的 cmp() 函数，用于完成文件的比较。filecmp 模块是 Python 的内置模块，无须手动安装。

第 3 行代码设置输入文件夹的路径。

接着获取输入文件夹中图片的路径列表。相应代码如下：

```
1    result = list(folder.glob('*.*'))
2    file_list = []
3    for i in result:
4        if i.is_file():
5            file_list.append(i)
```

第 1 行代码用于获取输入文件夹下所有文件和子文件夹的路径列表。

第 2～5 行代码用于对第 1 行代码获取的列表做进一步筛选，只保留文件路径，剔除子文件夹路径。其中第 2 行代码创建了一个空列表，用于存放筛选出的文件路径。第 3～5 行代码依次从第 1 行代码获取的列表中取出路径，判断路径是否指向一个文件，如果指向文件就添加到第 2 行代码创建的列表中。

最后进行图片的比较并删除重复的图片。相应代码如下：

```
1    for m in file_list:
2        for n in file_list:
3            if m != n and m.exists() and n.exists():
4                if cmp(m, n):
5                    n.unlink()
```

第 3 行代码设定进行比较的前提条件是两个路径指向的不是同一个文件，并且指向的文件是存在的（因为在后续操作中，被判断为重复的文件会被删除）。

第 4 行代码使用 filecmp 模块中的 cmp() 函数对两个文件进行比较，如果两个文件的内容相同，则执行第 5 行代码，将其中一个文件删除。

📢 **小提示**

第 5 行代码使用 pathlib 模块的 unlink() 函数删除文件。该函数的工作方式不是将文件放入回收站，而是直接删除文件。因此，运行代码前要仔细确认，以免因误删文件导致数据丢失。

本节的完整代码如下：

```
1   from pathlib import Path
2   from filecmp import cmp
3   folder = Path('F:\\案例文件\\08\\素材\\图片1')
4   result = list(folder.glob('*.*'))
5   file_list = []
6   for i in result:
7       if i.is_file():
8           file_list.append(i)
9   for m in file_list:
10      for n in file_list:
11          if m != n and m.exists() and n.exists():
12              if cmp(m, n):
13                  n.unlink()
```

运行代码后，打开文件夹 "F:\ 案例文件 \08\ 素材 \ 图片 1"，可看到前面提到的 4 组重复图片都只保留了一张，如下图所示。

读者如果要套用上述代码，可根据实际需求修改第 3 行代码中的文件夹路径。

8.4　批量调整图片尺寸

调整图片尺寸也是图像处理工作中常见的操作之一。本节要通过编写 Python 代码，批量完成多张图片的尺寸调整。

素　材	案例文件\08\素材\图片（文件夹）
源文件	案例文件\08\源文件\批量调整图片尺寸.py、更改尺寸后的图片（文件夹）

右图所示为文件夹"图片"中的图片，在"分辨率"列可以看到各张图片的尺寸，现在要将这些图片的尺寸批量缩小至原来的 80%。

代码的编写思路为：①列出输入文件夹下的所有图片并依次打开；②按要求调整图片的尺寸，再保存到输出文件夹中。

本地磁盘 (F:) 〉 案例文件 〉 08 〉 素材 〉 图片		
名称	类型	分辨率
城市.png	PNG 文件	1200 x 1800
风景.png	PNG 文件	1500 x 2250
海边.png	PNG 文件	1849 x 1200
海滩.png	PNG 文件	1906 x 1200
花1.png	PNG 文件	1600 x 1200
花2.png	PNG 文件	1807 x 1200
花卉1.jpg	JPG 文件	667 x 1000
花卉2.jpg	JPG 文件	667 x 1000

先导入模块并设置相关的文件夹路径。相应代码如下：

```
1    from pathlib import Path
2    from PIL import Image
3    old_folder = Path('F:\\案例文件\\08\\素材\\图片')
4    new_folder = Path('F:\\案例文件\\08\\源文件\\更改尺寸后的图片')
5    if not new_folder.exists():
6        new_folder.mkdir(parents=True)
```

第 2 行代码导入 Pillow 模块的 Image 子模块。第 3 行和第 4 行代码分别用于指定输入文件夹和输出文件夹的路径。

第 5 行代码用 if 语句和 exists() 函数判断第 4 行代码中指定的文件夹路径是否存在，如果不存在，则执行第 6 行代码，用 pathlib 模块的 mkdir() 函数创建文件夹，为后续操作做好准备。

随后就可以编写代码调整图片尺寸了。相应代码如下：

```
1    file_list = list(old_folder.glob('*.*'))
2    for i in file_list:
3        image = Image.open(i)
```

```
4      ratio = image.width / image.height
5      width = image.width * 0.8
6      height = width / ratio
7      new_size = (int(width), int(height))
8      image1 = image.resize(new_size)
9      new_file = new_folder / i.name
10     image1.save(new_file)
```

第 1 行代码用于获取输入文件夹下所有图片的路径列表。

第 2～9 行代码用于将图片调整为指定尺寸，并保存到输出文件夹下。

其中第 2 行代码用于遍历获得的路径列表，第 3 行代码用 Image 子模块中的 open() 函数打开指定路径下的图片。

第 4 行代码用于计算图片的宽高比，其中通过 Image 子模块中的 width 和 height 属性分别获取图片的宽度和高度（单位：像素）。第 5 行代码用于计算图片的新宽度，这里用图片的原宽度乘以 0.8，即将宽度缩小到原来的 80%。第 6 行代码根据图片的新宽度和宽高比，计算出图片的新高度。

第 7 行代码用计算出的新宽度和新高度构造一个元组（元组是使用括号将多个数据组织在一起的一个容器）。以像素为单位的尺寸必须为整数，而第 5 行和第 6 行代码得到的计算结果有可能是小数，因此需要用 Python 的内置函数 int() 将它们转换为整数。

第 8 行代码用 Image 子模块中的 resize() 函数按第 7 行代码构造的元组调整图片的尺寸。

第 9 行代码用于构造一个指向输出文件夹的文件路径。第 10 行代码用 Image 子模块中的 save() 函数将调整尺寸后的图片保存到指定路径下。

本节的完整代码如下：

```
1      from pathlib import Path
2      from PIL import Image
3      old_folder = Path('F:\\案例文件\\08\\素材\\图片')
4      new_folder = Path('F:\\案例文件\\08\\源文件\\更改尺寸后的图片')
5      if not new_folder.exists():
6          new_folder.mkdir(parents=True)
7      file_list = list(old_folder.glob('*.*'))
```

```
8    for i in file_list:
9        image = Image.open(i)
10       ratio = image.width / image.height
11       width = image.width * 0.8
12       height = width / ratio
13       new_size = (int(width), int(height))
14       image1 = image.resize(new_size)
15       new_file = new_folder / i.name
16       image1.save(new_file)
```

运行代码后，打开输出文件夹，可在"分辨率"列中看到图片的尺寸均缩小为原来的 80%，如右图所示。

读者如果要套用上述代码，需修改以下部分：

•根据实际需求修改第 3 行和第 4 行代码中的文件夹路径。

•根据实际需求修改第 11 行代码中的缩放比例。例如，如果要将图片尺寸缩小为原尺寸的 50%，则将代码中的 0.8 修改为 0.5；如果要将图片尺寸放大 1 倍，则将代码中的 0.8 修改为 2。

(F:) › 案例文件 › 08 › 源文件 › 更改尺寸后的图片		
名称	类型	分辨率
城市.png	PNG 文件	960 x 1440
风景.png	PNG 文件	1200 x 1800
海边.png	PNG 文件	1479 x 960
海滩.png	PNG 文件	1524 x 960
花1.png	PNG 文件	1280 x 960
花2.png	PNG 文件	1445 x 960
花卉1.jpg	JPG 文件	533 x 800
花卉2.jpg	JPG 文件	533 x 800

8.5　批量翻转图片

翻转图片包括水平翻转和垂直翻转。本节以水平翻转为例，讲解如何通过编写 Python 代码，批量完成多张图片的翻转。

素　材	案例文件\08\素材\图片（文件夹）
源文件	案例文件\08\源文件\批量翻转图片.py、翻转后的图片（文件夹）

以右图所示的文件夹"图片"为例，现要水平翻转这些图片。

代码的编写思路为：①列出输入文件夹下的所有图片并依次打开；②按要求翻转图片，再保存到输出文件夹中。

这里直接给出完整代码，具体如下：

```python
1   from pathlib import Path
2   from PIL import Image
3   old_folder = Path('F:\\案例文件\\08\\素材\\图片')
4   new_folder = Path('F:\\案例文件\\08\\源文件\\翻转后的图片')
5   if not new_folder.exists():
6       new_folder.mkdir(parents=True)
7   file_list = list(old_folder.glob('*.*'))
8   for i in file_list:
9       image = Image.open(i)
10      image1 = image.transpose(Image.FLIP_LEFT_RIGHT)
11      new_file = new_folder / i.name
12      image1.save(new_file)
```

第 1～6 行代码用于导入模块并设置相关的文件夹路径。各行代码的作用在前几节中已经介绍过，这里不再赘述。

第 7～12 行代码用于依次打开输入文件夹中的图片，将图片做水平翻转，再保存到输出文件夹中。

第 10 行代码中的transpose()函数用于翻转图片，FLIP_LEFT_RIGHT 是 Image 子模块中定义的一种图片翻转模式，表示水平翻转。

运行代码后，打开输出文件夹，可看到水平翻转后的图片效果，如右图所示。

读者如果要套用上述代码，需修改以下部分：

• 根据实际需求修改第 3 行和第 4 行代码中的文件夹路径。

• 如果要垂直翻转图片，则将第 10 行代码中的 FLIP_LEFT_RIGHT 修改为 FLIP_TOP_BOTTOM。

小提示

transpose() 函数除了能翻转图片，还能以 90° 为步长旋转图片。只需将第 10 行代码中的 FLIP_LEFT_RIGHT 修改为 ROTATE_90、ROTATE_180 或 ROTATE_270，即可将图片分别逆时针旋转 90°、180°、270°。

8.6　批量裁剪图片为正方形

本节还是以文件夹"图片"中的图片为例，通过编写 Python 代码，将多张图片批量裁剪为正方形。

素　材	案例文件＼08＼素材＼图片（文件夹）
源文件	案例文件＼08＼源文件＼批量裁剪图片为正方形.py、正方形图片（文件夹）

代码的编写思路为：①列出输入文件夹下的所有图片并依次打开；②对比图片的宽度和高度；③根据较小的那个值确定裁剪框的尺寸和位置；④将图片裁剪为正方形，再保存到输出文件夹中。

这里直接给出完整代码，具体如下：

```
1   from pathlib import Path
2   from PIL import Image
3   old_folder = Path('F:\\案例文件\\08\\素材\\图片')
4   new_folder = Path('F:\\案例文件\\08\\源文件\\正方形图片')
5   if not new_folder.exists():
6       new_folder.mkdir(parents=True)
7   file_list = list(old_folder.glob('*.*'))
8   for i in file_list:
9       image = Image.open(i)
10      w = image.width
11      h = image.height
12      if w <= h:
13          a = w
14      else:
15          a = h
16      box = (int((w - a) / 2), int((h - a) / 2), int((w + a) / 2), int((h + a) / 2))
17      image1 = image.crop(box)
18      new_file = new_folder / i.name
19      image1.save(new_file)
```

第 1～6 行代码用于导入模块并设置相关的文件夹路径。各行代码的作用在前几节中已经介绍过，这里不再赘述。

第 7～19 行代码用于打开输入文件夹中的图片，将图片裁剪为正方形，再保存到输出文件夹下。

第 10 行和第 11 行代码分别用 width 属性和 height 属性获取图片的宽度和高度，并赋给变量 w 和 h。

第 12～15 行代码用 if 语句比较图片的宽度 w 和高度 h，并确定正方形裁剪框的边长 a：如果 w 小于或等于 h，则 a 等于 w；如果 w 大于 h，则 a 等于 h。

第 16 行代码用于计算裁剪框的位置。在 Pillow 模块中，裁剪框的位置是根据 4 个值确定的：裁剪框左上角与图片左边界的距离（x_1）和图片上边界的距离（y_1），裁剪框右下角与图片左边界的距离（x_2）和图片上边界的距离（y_2）。要计算这 4 个值，除了要确定裁剪框的边长，还要确定裁剪框的中心点在图片中的位置，这里以图片的中心点作为裁剪框的中心点，计算原理如下图所示。将计算出的 4 个值用 int() 函数转换为整数，再组成一个元组，就确定了一个裁剪框。

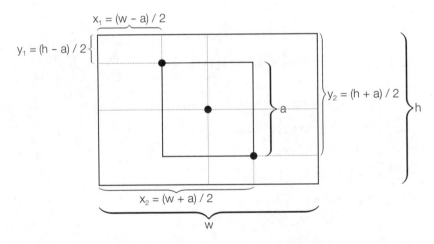

第 17 行代码用 crop() 函数根据第 16 行代码确定的裁剪框对图片进行裁剪。

第 18 行和第 19 行代码将裁剪后的图片保存到输出文件夹下。

运行代码后，打开输出文件夹，可看到裁剪为正方形的图片效果，如右图所示。

读者如果要套用上述代码，需修改以下部分：

• 根据实际需求修改第 3 行和第 4 行代码中的文件夹路径。

• 根据实际需求修改确定裁剪框边长及计算裁剪框位置的相关代码。

8.7　批量裁剪图片为圆形

上一节得到了多张正方形的图片，本节要继续通过编写 Python 代码，将这些图片批量裁剪为圆形。需要说明的是，这里的裁剪为圆形是指在图片上覆盖一个圆形蒙版，蒙版中白色区域的像素保持不变，黑色区域的像素变为透明像素。

素　材	案例文件＼08＼素材＼正方形图片（文件夹）
源文件	案例文件＼08＼源文件＼批量裁剪图片为圆形.py、圆形图片（文件夹）

代码的编写思路为：①列出输入文件夹下的所有图片并依次打开；②新建一张和原图片等大的图像，填充为黑色，然后在上面绘制一个圆形，填充为白色；③将绘制的图像作为蒙版应用到原图片上，再将生成的新图片保存到输出文件夹下。

这里直接给出完整代码，具体如下：

```
1   from pathlib import Path
2   from PIL import Image, ImageDraw
3   old_folder = Path('F:\\案例文件\\08\\素材\\正方形图片')
4   new_folder = Path('F:\\案例文件\\08\\源文件\\圆形图片')
5   if not new_folder.exists():
6       new_folder.mkdir(parents=True)
7   file_list = list(old_folder.glob('*.*'))
8   for i in file_list:
9       img1 = Image.open(i)
10      mask = Image.new('L', img1.size, 0)
11      draw = ImageDraw.Draw(mask)
12      draw.ellipse([(0, 0), img1.size], fill=255)
13      img2 = img1.copy()
14      img2.putalpha(mask)
15      img2.save(new_folder / f'{i.stem}.png')
```

第 1～6 行代码用于导入模块并设置相关的文件夹路径。各行代码的作用与前几节的代码类似，这里不再赘述。唯一的区别是第 2 行代码还导入了 ImageDraw 子模块，后面要使用其中的函数绘制蒙版图像。

第 7～15 行代码用于依次打开输入文件夹中的图片，将图片裁剪为圆形并保存到输出文件夹下。

其中，第 10 行代码用 Image 子模块中的 new() 函数新建一张图像作为蒙版。该函数有 3 个参数：第 1 个参数用于指定新建图像的模式，因为蒙版图像必须为灰度模式，所以这里设置为 'L'；第 2 个参数用于指定新建图像的宽度和高度（单位：像素），这里设置为 img1.size，表示与原图片相同；第 3 个参数用于指定新建图像的填充颜色，这里设置为 0，表示用黑色填充。

第 11 行代码用 ImageDraw 子模块中的 Draw() 函数创建了一个绘图对象，用于在前面创建的蒙版图像上绘图。第 12 行代码调用绘图对象的 ellipse() 函数绘制一个圆形，该圆形正好撑满整张蒙版图像（[(0, 0), img1.size]），填充颜色为白色（fill=255），如右图所示。

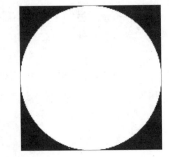

第 13 行代码用 copy() 函数创建原图片的副本。第 14 行代码用 putalpha() 函数将蒙版图像应用到副本图像上，完成裁剪。

第 15 行代码将裁剪好的副本图像保存为 PNG 格式文件。

运行代码后，打开输出文件夹，可看到裁剪为圆形的图片，如右图所示。

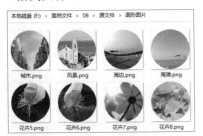

读者如果要套用上述代码，需修改以下部分：

• 根据实际需求修改第 3 行和第 4 行代码中的文件夹路径。

• 根据实际需求修改绘制蒙版图像的代码。

8.8 批量生成九宫格图片

本节仍以 8.6 节中得到的文件夹"正方形图片"为例，通过编写 Python 代码，批量完成将多张图片生成九宫格图片的操作。

素材	案例文件 \ 08 \ 素材 \ 正方形图片（文件夹）
源文件	案例文件 \ 08 \ 源文件 \ 批量生成九宫格图片.py、九宫格图片（文件夹）

代码的编写思路为：①列出输入文件夹下的所有图片并依次打开；②将图片切割为 9 张小图片，并保存到输出文件夹下。

这里直接给出完整代码，具体如下：

```
1    from pathlib import Path
2    from PIL import Image
3    old_folder = Path('F:\\案例文件\\08\\素材\\正方形图片')
4    new_folder = Path('F:\\案例文件\\08\\源文件\\九宫格图片')
5    if not new_folder.exists():
6        new_folder.mkdir(parents=True)
7    file_list = list(old_folder.glob('*.*'))
8    for i in file_list:
9        folder = new_folder / i.stem
10       if not folder.exists():
11           folder.mkdir(parents=True)
12       image = Image.open(i)
13       a = int(image.width / 3)
14       index = 1
15       for j in range(3):
16           for k in range(3):
17               box = (k * a, j * a, (k + 1) * a, (j + 1) * a)
18               image1 = image.crop(box)
19               image1.save(folder / f'{index}.png')
20               index += 1
```

第 1～6 行代码用于导入模块并设置相关的文件夹路径。各行代码的作用在前几节中已经介绍过，这里不再赘述。

第 7～20 行代码用于打开输入文件夹中的图片，根据图片的文件主名（文件名中 "." 号之前的部分）创建子文件夹，然后将图片切割为 9 张小图片，保存到创建的子文件夹下。

其中，第 9～11 行代码用于新建以图片的文件主名命名的子文件夹。

第 13 行代码用于计算每张小图片的尺寸。因为原图片为正方形，所以这里只需用 width 属性获取原图片的宽度，再除以 3 后取整数，即为每张小图片的宽度和高度，也是裁剪框的宽度和高度。

每张小图片需要有一个编号，第 14 行代码设置小图片的起始编号为 1。

第 15～20 行代码用 for 语句构造了一个双重循环，完成 9 张小图片的切割和保存。外层循环对应九宫格的 3 行格子，内层循环对应每一行中的 3 个格子。其中的关键是第 17 行代码中确定裁剪框位置的 4 个值的计算，如下图所示。

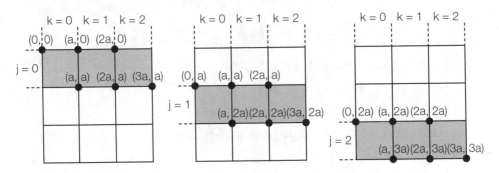

第 19 行代码表示将切割后的 9 张小图片保存为 PNG 格式文件，文件名分别为"1.png""2.png"……"9.png"。

运行代码后，打开输出文件夹，可看到多个以原图片的文件主名命名的子文件夹，如下左图所示。打开任意一个子文件夹，如"风景"，可看到图片"风景.png"被切割为 9 张小图片的效果，如下右图所示。

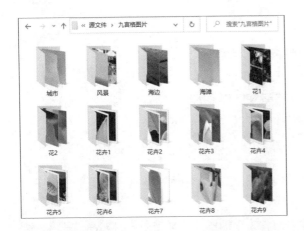

8.9 批量为图片添加边框

本节以文件夹"图片"中的图片为例，通过编写 Python 代码，批量完成为多张图片添加边框的操作。

素 材	案例文件\08\素材\图片（文件夹）
源文件	案例文件\08\源文件\批量为图片添加边框.py、添加边框后的图片（文件夹）

代码的编写思路为：①列出输入文件夹下的所有图片并依次打开；②为图片添

加边框，并保存到输出文件夹下。

这里直接给出完整代码，具体如下：

```
1   from pathlib import Path
2   from PIL import Image, ImageOps
3   old_folder = Path('F:\\案例文件\\08\\素材\\图片')
4   new_folder = Path('F:\\案例文件\\08\\源文件\\添加边框后的图片')
5   if not new_folder.exists():
6       new_folder.mkdir(parents=True)
7   file_list = list(old_folder.glob('*.*'))
8   for i in file_list:
9       image = Image.open(i)
10      image1 = ImageOps.expand(image, border=30, fill=(198,
        48, 36))
11      new_file = new_folder / i.name
12      image1.save(new_file)
```

第 1～6 行代码用于导入模块并设置相关的文件夹路径。各行代码的作用与前几节的代码类似，这里不再赘述。唯一的区别是第 2 行代码还导入了 ImageOps 子模块，后面要使用其中的 expand() 函数为图片添加边框。

第 7～12 行代码用于打开输入文件夹中的图片，为图片添加边框，再保存到输出文件夹下。

第 10 行代码使用 ImageOps 子模块中的 expand() 函数为图片添加边框。该函数的第 1 个参数是要添加边框的图片；第 2 个参数 border 用于设置边框的粗细（单位：像素），该参数可以设置为一个数值，表示为所有边框设置相同的粗细值，也可以设置为一个含有 4 个数值的元组，分别表示左、上、右、下的边框粗细值；第 3 个参数 fill 用于设置边框颜色的 RGB 值，如果省略该参数，则默认颜色为黑色。

运行代码后，打开输出文件夹，可看到添加了边框的图片，如右图所示。

读者如果要套用上述代码，需修改以下部分：

• 根据实际需求修改第 3 行和第 4 行代码中的文件夹路径。

• 根据实际需求修改第 10 行代码中边框的粗细值和边框颜色的 RGB 值。

8.10 批量将图片转为灰度图

本节以文件夹"图片"中的图片为例，通过编写 Python 代码，批量完成将多张图片转为灰度图的操作。

素 材	案例文件\08\素材\图片（文件夹）
源文件	案例文件\08\源文件\批量将图片转为灰度图.py、灰度图片（文件夹）

代码的编写思路为：①列出输入文件夹下的所有图片并依次打开；②将彩色图转换为灰度图，并保存到输出文件夹下。

这里直接给出完整代码，具体如下：

```python
1   from pathlib import Path
2   from PIL import Image
3   old_folder = Path('F:\\案例文件\\08\\素材\\图片')
4   new_folder = Path('F:\\案例文件\\08\\源文件\\灰度图片')
5   if not new_folder.exists():
6       new_folder.mkdir(parents=True)
7   file_list = list(old_folder.glob('*.*'))
8   for i in file_list:
9       image = Image.open(i)
10      image1 = image.convert('L')
11      new_file = new_folder / i.name
12      image1.save(new_file)
```

第 1～6 行代码用于导入模块并设置相关的文件夹路径。各行代码的作用在前几节中已经介绍过，这里不再赘述。

第 7～12 行代码用于打开输入文件夹中的图片，然后将图片转为灰度图，并保存到输出文件夹下。其中，第 10 行代码中的 convert() 是 Image 子模块中的函数，用于转换图像模式，这里设置的参数 'L' 代表灰度模式。

运行代码后，打开输出文件夹，可看到生成的灰度图，如右图所示。

读者如果要套用上述代码，需修改以下部分：

· 根据实际需求修改第 3 行和第 4 行代码中的文件夹路径。

· 根据实际需求修改第 10 行代码中的图像模式。例如，如果要将彩色图转为黑白图，可将第 10 行代码中的 'L' 修改为 '1'。

8.11 批量将图片转为素描图

本节以文件夹"图片"中的图片为例，通过编写 Python 代码，批量完成将多张图片转为素描图的操作。

素 材	案例文件\08\素材\图片（文件夹）
源文件	案例文件\08\源文件\批量将图片转为素描图.py、素描图（文件夹）

代码的编写思路为：①列出输入文件夹下的所有图片并依次打开；②将图片转换为素描效果，并保存到输出文件夹下。

这里直接给出完整代码，具体如下：

```
1   from pathlib import Path
2   from PIL import Image
3   import numpy as np
4   old_folder = Path('F:\\案例文件\\08\\素材\\图片')
5   new_folder = Path('F:\\案例文件\\08\\源文件\\素描图')
6   if not new_folder.exists():
7       new_folder.mkdir(parents=True)
8   file_list = list(old_folder.glob('*.*'))
9   for i in file_list:
10      a = np.asarray(Image.open(i).convert('L')).astype
        ('float')
11      depth = 10
12      grad = np.gradient(a)
13      grad_x, grad_y = grad
14      grad_x = grad_x * depth / 100
15      grad_y = grad_y * depth / 100
16      b = np.sqrt(grad_x ** 2 + grad_y ** 2 + 1)
```

```
17    uni_x = grad_x / b
18    uni_y = grad_y / b
19    uni_z = 1 / b
20    vec_el = np.pi / 2.2
21    vec_az = np.pi / 4
22    dx = np.cos(vec_el) * np.cos(vec_az)
23    dy = np.cos(vec_el) * np.sin(vec_az)
24    dz = np.sin(vec_el)
25    c = 255 * (dx * uni_x + dy * uni_y + dz * uni_z)
26    c = c.clip(0, 255)
27    image = Image.fromarray(c.astype('uint8'))
28    new_file = new_folder / i.name
29    image.save(new_file)
```

第 1～7 行代码用于导入模块并设置相关的文件夹路径。其中，第 3 行代码用于导入 NumPy 模块并简写为 np，这样在之后编写代码时就可用 np 代替 NumPy。

第 8～29 行代码用于打开输入文件夹中的图片，将图片转换为素描效果，并保存到输出文件夹下。这段代码的思路是：将图片降维转换为数字化的数据，之后对数据进行运算，再利用 Pillow 模块将运算后的数据转换为素描效果的图片。

本案例涉及较多的图像处理基础知识，建议读者直接套用代码，根据实际需求修改第 4 行和第 5 行代码中的文件夹路径即可。

运行代码后，打开输出文件夹，可看到转换为素描效果的图片，如下左图所示。打开任意一张图片查看转换效果，如下右图所示。

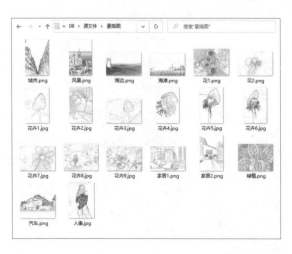

8.12　批量生成微信公众号二维码

利用微信官方提供的 API 网址可以生成指定微信公众号的二维码。例如，微信公众号"快学习教育"的账号是 epubhome，那么在浏览器的地址栏中输入网址 https://open.weixin.qq.com/qr/code?username=epubhome，按【Enter】键，即可生成对应的二维码，如下图所示。本节要通过编写 Python 代码，利用这个 API 网址批量生成多个微信公众号的二维码。

素　材	案例文件 \ 08 \ 素材 \ 微信公众号.xlsx
源文件	案例文件 \ 08 \ 源文件 \ 批量生成微信公众号二维码.py、二维码（文件夹）

打开工作簿"微信公众号.xlsx"，其第 1 个工作表中的数据如右图所示，现在需要生成这些微信公众号对应的二维码图片。

	A	B	C
1	名称	账号	
2	快学习教育	epubhome	
3	华章书院	hzebook	
4	机械工业出版社	JXGY_1952	
5			

Sheet1

代码的编写思路为：①读取工作簿中的微信公众号；②将公众号传入微信 API 生成二维码；③下载二维码图片，保存到指定文件夹。

这里直接给出完整代码，具体如下：

```
1   import pandas as pd
2   import time
3   from urllib.request import urlretrieve
4   from pathlib import Path
5   new_folder = Path('F:\\案例文件\\08\\源文件\\二维码')
6   if not new_folder.exists():
7       new_folder.mkdir(parents=True)
8   data = pd.read_excel('F:\\案例文件\\08\\素材\\微信公众
    号.xlsx', sheet_name=0)
9   for index, row in data.iterrows():
10      name = row['名称']
11      account = row['账号']
12      url = f'https://open.weixin.qq.com/qr/code?username=
        {account}'
13      urlretrieve(url, new_folder / (name + '.jpg'))
14      time.sleep(1)
```

第 1～7 行代码用于导入模块并设置相关的文件夹路径。其中，第 1 行代码导入第三方模块 pandas，用于读取和处理 Excel 工作簿中的数据。第 2 行代码导入 Python 内置的 time 模块，后面会调用该模块中的函数让代码暂停执行。第 3 行代码从 Python 内置的 urllib 模块的子模块 request 中导入 urlretrieve() 函数，该函数可将远程数据下载到本地。

第 8 行代码用 pandas 模块中的 read_excel() 函数读取工作簿中的数据。该函数的第 1 个参数用于指定工作簿的文件路径；第 2 个参数 sheet_name 用于指定要读取的工作表，这里设置为 0，表示读取第 1 个工作表。

第 9～13 行代码根据读取的数据生成二维码。第 9 行代码用于按行遍历所读取的数据。第 10 行和第 11 行代码分别从行数据中提取 "名称" 列和 "账号" 列的值。第 12 行代码将提取的账号与生成二维码的网址拼接在一起。第 13 行代码用 urlretrieve() 函数将网址中的二维码下载到本地，这里保存到第 5 行代码指定的文件夹中，文件名为微信公众号的名称。

第 14 行代码用 time 模块中的 sleep() 函数让代码暂停执行一定时间，以免因操作过于频繁而被网站服务器 "拉黑"。sleep() 函数括号里的数字单位是秒，time.sleep(1) 即暂停 1 秒。

运行代码后，打开文件夹 "二维码"，可看到根据工作簿中的公众号名称和账号批量生成的二维码图片，如右图所示。

读者如果要套用上述代码，需修改以下部分：

• 根据实际需求修改第 5 行代码中的文件夹路径。

本地磁盘 (F:) › 案例文件 › 08 › 源文件 › 二维码

华章书院.jpg　机械工业出版社.jpg　快学习教育.jpg

• 根据实际需求修改第 8 行代码中的工作簿文件路径和需要读取的工作表。

• 根据实际需求修改工作表的数据内容。如果修改了工作表中数据的列名，则也要相应修改第 10 行和第 11 行代码中的列名。

8.13　批量将二维码图片转为单黑模式

上一节生成的二维码图片为 RGB 模式，如下左图所示。如果要用这些二维码图片制作印刷品，则需将它们转换为 CMYK 模式中的单黑模式，如下右图所示。本节将通过编写 Python 代码，批量完成这项工作。

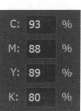

C: 93 %
M: 88 %
Y: 89 %
K: 80 %

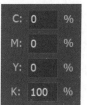

C: 0 %
M: 0 %
Y: 0 %
K: 100 %

素　材	案例文件 \ 08 \ 素材 \ 二维码（文件夹）
源文件	案例文件 \ 08 \ 源文件 \ 批量将二维码转为单黑模式.py、单黑二维码（文件夹）

代码的编写思路为：①列出输入文件夹下的所有二维码图片并依次打开；②将二维码图片转换为单黑模式，并保存到输出文件夹下。

这里直接给出完整代码，具体如下：

```
1    from pathlib import Path
2    from PIL import Image
3    old_folder = Path('F:\\案例文件\\08\\素材\\二维码')
4    new_folder = Path('F:\\案例文件\\08\\源文件\\单黑二维码')
```

```
5    if not new_folder.exists():
6        new_folder.mkdir(parents=True)
7    file_list = list(old_folder.glob('*.*'))
8    for i in file_list:
9        image = Image.open(i)
10       image1 = image.convert('L').convert('CMYK')
11       new_file = (new_folder / i.name).with_suffix('.tif')
12       image1.save(new_file)
```

第 1～6 行代码用于导入模块并设置相关的文件夹路径。各行代码的作用在前几节中已经介绍过，这里不再赘述。

第 7～12 行代码用于打开输入文件夹中的二维码图片，然后将图片转换为单黑模式，再保存到输出文件夹下。

第 10 行代码用 convert() 函数将图片先转换为灰度模式，再转换为 CMYK 模式，就得到了单黑模式的图片。

运行代码后，打开输出文件夹，可看到单黑模式的二维码图片，如右图所示。可在 Photoshop 中打开图片，利用"吸管工具"验证转换效果。

读者如果要套用上述代码，只需修改第 3 行和第 4 行代码中的文件夹路径。

8.14 绘制词云图

词云图是一种用于展现高频关键词的图表，通过文字、色彩、图形的搭配来产生具有视觉冲击力的效果，传达有价值的信息。本节要通过编写 Python 代码在当当网搜索关键词 "Python"，再用从搜索结果中提取的高频词汇绘制词云图，词云图的外形轮廓为如右图所示的 "Python.jpg"。

素 材	案例文件 \ 08 \ 素材 \ Python.jpg
源文件	案例文件 \ 08 \ 源文件 \ 绘制词云图.py、词云图.png

绘制词云图的完整代码如下：

```
1    import jieba
2    from collections import Counter
3    from wordcloud import WordCloud, ImageColorGenerator
4    from PIL import Image
5    import numpy as np
6    import requests
7    import re
8    jieba.setLogLevel(jieba.logging.INFO)
9    headers = {'User-Agent': 'Mozilla/5.0 (Windows NT 10.0;
     Win64; x64) AppleWebKit/537.36 (KHTML, like Gecko)
     Chrome/91.0.4472.77 Safari/537.36'}
10   url = 'http://search.dangdang.com/?key=Python'
11   response = requests.get(url=url, headers=headers)
12   result = response.text
13   p_title = '<p class="name" name="title" ><a title="(.*?)"'
14   title = re.findall(p_title, result, re.S)
15   for i in range(len(title)):
16       title[i] = title[i].strip()
17   title_all = ''.join(title)
18   words = jieba.cut(title_all)
19   words_filtered = []
20   for word in words:
21       if len(word) >= 2:
22           words_filtered.append(word.lower())
23   words_frq = Counter(words_filtered).most_common(500)
24   words_frq = dict(words_frq)
25   outline = np.array(Image.open('F:\\案例文件\\08\\素材\\Py-
     thon.jpg'))
26   colors = ImageColorGenerator(outline)
27   wc = WordCloud(font_path='msyh.ttc', background_color=
     'white', width=500, height=100, mask=outline)
28   wc.generate_from_frequencies(words_frq)
```

```
29    wc.recolor(color_func=colors)
30    wc.to_file('F:\\案例文件\\08\\源文件\\词云图.png')
```

第 1 行代码导入 jieba 模块，该模块可以对中文文本进行分词、词性标注、关键词抽取等操作。该模块是 Python 第三方模块，需要使用 pip 命令安装。

第 2 行代码导入 collections 模块中的 Counter 类，后面将用该类对 jieba 模块的分词结果进行词汇数量统计。

第 3 行代码导入 wordcloud 模块中的 WordCloud() 和 ImageColorGenerator() 函数。wordcloud 是专门用于绘制词云图的 Python 第三方模块，可使用 pip 命令安装。

第 4 行代码导入 Pillow 模块的 Image 子模块，用于打开词云图的外形轮廓图片。

第 5 行代码导入 NumPy 模块，用于将图像转换为数组，以满足 wordcloud 模块对数据格式的要求。该模块是 Python 第三方模块，需要使用 pip 命令安装。

第 6 行和第 7 行代码导入 Requests 模块和 re 模块。其中 Requests 模块可以模拟浏览器发起网络请求，从而获取网页源代码，该模块是 Python 第三方模块，需要使用 pip 命令安装；re 模块是 Python 的内置模块，用于处理正则表达式。

第 8 行代码用于设置在使用 jieba 模块分词的过程中不显示日志。

第 9～12 行代码用于向网址 http://search.dangdang.com/?key=Python 发起请求，并获取相应的网页源代码，网址中的"Python"是在当当网中搜索商品的关键词。第 13 行代码编写了一个正则表达式。第 14 行代码用 re 模块中的 findall() 函数根据第 13 行代码的正则表达式，从获取的网页源代码中提取搜索到的商品的标题。

第 15 行和第 16 行代码对提取到的商品标题进行清理，删除字符串首尾的空格。

第 17 行代码将清理后的所有商品标题拼接成一个字符串，然后在第 18 行代码用 jieba 模块的 cut() 函数进行分词。

第 19～22 行代码对分词结果进行过滤，剔除长度小于等于 2 个字符的词。

第 23 行和第 24 行代码利用 Counter 类统计每个词出现的次数，保留排名前 500 的词，然后转换为字典格式，以满足 wordcloud 模块对数据格式的要求。

第 25 行代码用于打开词云图的外形轮廓图片"Python.jpg"并转换为数组，第 26 行代码用于从数组中提取图片的颜色。

第 27 行代码用于创建一幅空白的词云图。WordCloud() 函数的 font_path 参数用于设置词云图中文本字体的文件路径，这里指定为 Windows 系统自带的"微软雅黑"；background_color 参数用于设置词云图的背景颜色，这里指定为白色；width 和 height 参数分别用于设置词云图的宽度和高度，这里分别指定为 500 像素和 100 像素；mask 参数用于设置词云图的外形轮廓图片，这里指定为第 25 行代码读取的图片。

　　第 28 行代码使用第 24 行代码生成的词频字典绘制词云图。第 29 行代码使用第 26 行代码提取的颜色为词云图上色。第 30 行代码将绘制好的词云图保存为 PNG 格式文件。

　　运行代码后，打开生成的"词云图.png"，效果如下图所示（具体的颜色效果请读者自行运行代码后查看）。

　　绘制词云图涉及的 Python 知识较多，本书限于篇幅不便于做更详细的讲解，建议读者直接套用本节的代码来绘制词云图，需要修改的部分如下：

　　• 根据实际需求修改第 10 行代码中的网址。例如，如果要绘制与 Photoshop 有关的商品标题的词云图，可将第 10 行代码修改为 "url = 'http://search.dangdang. com/?key= Photoshop'"。如果要在其他网站搜索关键词并绘制词云图，修改第 10 行代码中的网址和关键词即可。

　　• 第 13 行代码中的正则表达式并不是固定不变的，需要根据不同网站的网页源代码修改。

- 根据实际需求修改第 25 行代码中的外形轮廓图片文件路径。
- 根据实际需求修改第 27 行代码中词云图的文本字体、背景颜色、尺寸等参数。
- 根据实际需求修改第 30 行代码中词云图图片的保存位置和文件名。

8.15 批量爬取豆瓣电影海报

在设计工作中，常常需要收集大量的素材作为参考，如果能快速爬取某个类型的图片作为素材，可以大大减少工作量。本节将通过编写 Python 代码，批量爬取豆瓣电影的海报。

⏬ **源文件** ┊ 案例文件 \ 08 \ 源文件 \ 批量爬取豆瓣电影海报.py、电影海报（文件夹）

在浏览器中打开豆瓣电影 Top 250 排行榜的第 1 页（https://movie.douban.com/top250?start=0），如下图所示。该排行榜中共有 250 部电影，现要批量爬取这些电影的海报。

代码的编写思路为：①获取网页源代码；②提取单页的电影海报；③批量提取多页的电影海报。

首先使用 Requests 模块获取网页源代码。相应代码如下：

```python
1  import requests
2  headers = {'User-Agent': 'Mozilla/5.0 (Windows NT 10.0;
   Win64; x64) AppleWebKit/537.36 (KHTML, like Gecko)
   Chrome/91.0.4472.77 Safari/537.36'}
3  url = 'https://movie.douban.com/top250?start=0'
4  response = requests.get(url=url, headers=headers)
5  html = response.text
6  print(html)
```

第 1 行代码导入 Requests 模块。

第 2 行代码中的变量 headers 是一个字典，该字典只有一个键值对：键为 "User-Agent"，意思是用户代理；值代表以哪种浏览器的身份访问网页，不同浏览器的 User-Agent 值不同，这里使用的是谷歌浏览器的 User-Agent 值，下面就以谷歌浏览器为例讲解 User-Agent 值的获取方法。

打开谷歌浏览器，在地址栏中输入 "chrome://version"，按【Enter】键，在打开的页面中找到 "用户代理" 项，后面的字符串就是 User-Agent 值，如下图所示。

第 3 行代码将豆瓣电影 Top 250 排行榜第 1 页的网址赋给变量 url。需要注意的是，网址要完整。读者可以在浏览器中访问要获取网页源代码的网址，成功打开页面后，复制地址栏中的完整网址，粘贴到代码中使用。

第 4 行代码使用 Requests 模块中的 get() 函数对指定的网址发起请求，网站服务器会根据请求的网址返回一个 response 对象。参数 url 用于指定网址，参数 headers 则用于指定用户代理。如果省略参数 headers，有时也能爬取成功，但是大多数情况下会爬取失败，因此，最好还是不要省略该参数。

第 5 行代码通过 text 属性从 response 对象中提取网页源代码，第 6 行代码使用 print() 函数输出获得的网页源代码。

运行以上代码，即可得到豆瓣电影 Top 250 排行榜第 1 页的网页源代码，如下图所示。

```
<!DOCTYPE html>
<html lang="zh-CN" class="ua-windows ua-webkit">
<head>
    <meta http-equiv="Content-Type" content="text/html; charset=utf-8">
    <meta name="renderer" content="webkit">
    <meta name="referrer" content="always">
    <meta name="google-site-verification" content="ok0wCgT20tB8go9_zat2iAcimtN4Ftf5ccsh092Xeyw" />
    <title>
豆瓣电影 Top 250
</title>

    <meta name="baidu-site-verification" content="cZdR4xxR7RxmM4zE" />
    <meta http-equiv="Pragma" content="no-cache">
    <meta http-equiv="Expires" content="Sun, 6 Mar 2005 01:00:00 GMT">

    <link rel="apple-touch-icon" href="https://img3.doubanio.com/f/movie/d59b2715fdea4968a450ee5f6c95c7d7a2030065/pics/movie/apple-touch-icon.png">
    <link href="https://img3.doubanio.com/f/shire/6522c42d2aba9757aeefa0c35cc0cefc9229747c/css/douban.css" rel="stylesheet" type="text/css">
    <link href="https://img3.doubanio.com/f/shire/db02bd3a4c78de56425ddeedd748a6804af60ee9/css/separation/_all.css" rel="stylesheet" type="text/css">
    <link href="https://img3.doubanio.com/f/movie/252bef058b97005c6a41e8f1b9f7b06b84bc71b3/css/movie/base/init.css" rel="stylesheet">
    <script type="text/javascript">var _head_start = new Date();</script>
```

随后从网页源代码中提取电影名称和海报图片的网址。相应代码如下：

```python
1   import re
2   p_title = '<img width="100" alt="(.*?)"'
3   p_image = '<img width="100" alt=".*?" src="(.*?)"'
4   title = re.findall(p_title, html)
5   imgurl = re.findall(p_image, html)
6   print(title)
7   print(imgurl)
```

第 1 行代码导入 re 模块。

第 2 行和第 3 行代码编写了提取电影名称和海报图片网址的正则表达式。

第 4 行和第 5 行代码使用 re 模块中的 findall() 函数根据第 2 行和第 3 行代码中的正则表达式从网页源代码中提取数据。

第 6 行和第 7 行代码使用 print() 函数输出提取的电影名称和海报图片网址。

这里简单说明一下什么是正则表达式以及如何编写正则表达式来提取数据。

正则表达式用于对字符串进行匹配操作，符合正则表达式逻辑的字符串会被匹配并提取出来。Python 内置的 re 模块可以处理正则表达式。

下面介绍提取电影名称和海报图片网址的正则表达式是如何编写出来的。先利用开发者工具观察电影名称和海报图片网址对应的网页源代码有什么样的规律。

在谷歌浏览器中打开豆瓣电影 Top 250 排行榜的第 1 页（https://movie.douban.

com/top250?start=0），然后按【F12】键打开开发者工具，界面如下图所示。此时窗口的上半部分显示的是网页，下半部分的开发者工具中默认显示的是"Elements"选项卡，该选项卡中的内容就是网页源代码。网页源代码中被"<>"括起来的文本称为网页元素，我们需要提取的数据就存放在这些网页元素中。①单击开发者工具左上角的元素选择工具按钮，按钮变为蓝色，②将鼠标指针移到窗口上半部分的第 1 张电影海报上，③此时开发者工具中对应的网页元素的源代码会被突出显示。

①再次单击元素选择工具按钮，按钮变为蓝色，②将鼠标指针移到窗口上半部分的其他电影海报上，③在开发者工具中查看该电影海报对应的网页元素的源代码，如下图所示。

对比不同电影海报对应的网页源代码，可以总结出如下规律：

<img width="100" alt="电影名称" src="海报图片网址"

用相同方法对比不同电影名称对应的网页源代码，可以总结出如下规律：

<img width="100" alt="电影名称"

根据上述规律，编写出提取电影名称和海报图片网址的正则表达式如下：

<img width="100" alt="(.*?)"
<img width="100" alt=".*?" src="(.*?)"

上述正则表达式中的".*?"代表有变化但我们又不关心的内容，"(.*?)"则代表我们要提取的数据。

将获取第 1 页的网页源代码的代码和提取电影名称和海报图片网址的代码相结合后运行，即可得到两个列表。第 1 个列表包含第 1 页的全部电影名称，第 2 个列表包含第 1 页的全部海报图片网址，如下图所示。

```
['肖申克的救赎', '霸王别姬', '阿甘正传', '这个杀手不太冷', '泰坦尼克号', '美丽人生', '千与千寻', '辛德勒的名单', '盗梦空间', '忠犬八公的故事', '星际穿越', '楚门的世界', '海
上钢琴师', '三傻大闹宝莱坞', '机器人总动员', '放牛班的春天', '无间道', '疯狂动物城', '大话西游之大圣娶亲', '怕护', '教父', '当幸福来敲门', '龙猫', '怦然心动', '控方证人']
['https://img2.doubanio.com/view/photo/s_ratio_poster/public/p480747492.jpg', 'https://img3.doubanio.com/view/photo/s_ratio_poster/public/p2561716440.jpg',
'https://img2.doubanio.com/view/photo/s_ratio_poster/public/p2372307693.jpg', 'https://img3.doubanio.com/view/photo/s_ratio_poster/public/p511118051.jpg',
'https://img9.doubanio.com/view/photo/s_ratio_poster/public/p457760035.jpg', 'https://img2.doubanio.com/view/photo/s_ratio_poster/public/p2578474613.jpg',
'https://img1.doubanio.com/view/photo/s_ratio_poster/public/p2557573348.jpg', 'https://img3.doubanio.com/view/photo/s_ratio_poster/public/p492406163.jpg',
'https://img1.doubanio.com/view/photo/s_ratio_poster/public/p2616355133.jpg', 'https://img2.doubanio.com/view/photo/s_ratio_poster/public/p524964039.jpg',
'https://img1.doubanio.com/view/photo/s_ratio_poster/public/p2614988097.jpg', 'https://img2.doubanio.com/view/photo/s_ratio_poster/public/p479682972.jpg',
'https://img9.doubanio.com/view/photo/s_ratio_poster/public/p2574551676.jpg', 'https://img3.doubanio.com/view/photo/s_ratio_poster/public/p579729551.jpg',
'https://img3.doubanio.com/view/photo/s_ratio_poster/public/p1461851991.jpg', 'https://img3.doubanio.com/view/photo/s_ratio_poster/public/p1910824951.jpg',
'https://img1.doubanio.com/view/photo/s_ratio_poster/public/p2564556863.jpg', 'https://img9.doubanio.com/view/photo/s_ratio_poster/public/p2614500649.jpg',
'https://img9.doubanio.com/view/photo/s_ratio_poster/public/p2455050536.jpg', 'https://img9.doubanio.com/view/photo/s_ratio_poster/public/p1363250216.jpg',
'https://img9.doubanio.com/view/photo/s_ratio_poster/public/p616779645.jpg', 'https://img9.doubanio.com/view/photo/s_ratio_poster/public/p2614359276.jpg',
'https://img9.doubanio.com/view/photo/s_ratio_poster/public/p2540924496.jpg', 'https://img1.doubanio.com/view/photo/s_ratio_poster/public/p501177648.jpg',
'https://img1.doubanio.com/view/photo/s_ratio_poster/public/p1505392928.jpg']
```

接着按照海报图片网址下载图片，并以电影名称为文件名进行保存。相应代码如下：

```
1    for i, j in zip(title, imgurl):
2        response1 = requests.get(url=j, headers=headers)
3        image = response1.content
4        with open(f'F:\\案例文件\\08\\源文件\\电影海报\\{i}.
         jpg', 'wb') as file:
5            file.write(image)
```

第 1 行代码用 zip() 函数将前面获得的两个列表中的元素进行配对，此时 i 代表一个电影名称，j 则代表对应的海报图片网址。

第 2 行代码使用 Requests 模块中的 get() 函数对海报图片网址发起请求，得

到一个 response 对象。第 3 行代码通过 content 属性从 response 对象中提取图片内容。

第 4 行和第 5 行代码结合使用 with...as... 语句、open() 函数和 write() 函数，将图片内容保存为 JPEG 格式文件，保存位置为文件夹"F:\案例文件\08\源文件\电影海报"（需提前创建好）。

运行上面的代码，在文件夹"F:\案例文件\08\源文件\电影海报"下可看到从第 1 页中爬取的全部电影海报图片，从左下角状态栏显示的信息可知，一共有 25 张，如下图所示。

从前面的运行结果可知，每一页有 25 部电影。如果要爬取 250 部电影的海报，就要爬取 10 页。首先需要找到网址的规律，前面已经知道第 1 页的网址为 https://movie.douban.com/top250?start=0。向下滚动页面，①单击页面底部的页码链接，切换至第 2 页，②可看到地址栏中的网址变为 https://movie.douban.com/top250?start=25，如下图所示。

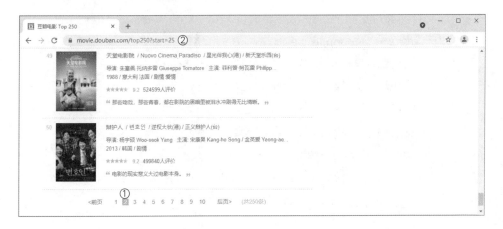

①切换至第 10 页，②可看到地址栏中的网址变为 https://movie.douban.com/top250?start=225，如下图所示。

继续查看其他页的网址，可总结出如下所示的网址格式：

https://movie.douban.com/top250?start=(页码 − 1)*25

为了更方便地实现批量爬取，先编写一个自定义函数 douban()，用于爬取指定页码的电影海报。相应代码如下：

```python
def douban(page):
    headers = {'User-Agent': 'Mozilla/5.0 (Windows NT 10.0;
    Win64; x64) AppleWebKit/537.36 (KHTML, like Gecko)
    Chrome/91.0.4472.77 Safari/537.36'}
    num = (page - 1) * 25
    url = f'https://movie.douban.com/top250?start={num}'
    response = requests.get(url=url, headers=headers)
    html = response.text
    p_title = '<img width="100" alt="(.*?)"'
    p_image = '<img width="100" alt=".*?" src="(.*?)"'
    title = re.findall(p_title, html)
    imgurl = re.findall(p_image, html)
    for i, j in zip(title, imgurl):
        response1 = requests.get(url=j, headers=headers)
        image = response1.content
```

```
14        with open(f'F:\\案例文件\\08\\源文件\\电影海报\\{i}.
          jpg', 'wb') as file:
15            file.write(image)
```

自定义函数 douban() 只有一个参数 page，代表要爬取的页码。

定义完函数后，即可使用 for 语句构造循环并调用函数，实现多页电影海报的批量爬取。相应代码如下：

```
1  for p in range(1, 11):
2      douban(p)
```

第 1 行代码中的 range(1, 11) 表示爬取第 1～10 页的电影海报。读者可根据需求修改页码范围。

本节的完整代码如下：

```
1   import requests
2   import re
3   def douban(page):
4       headers = {'User-Agent': 'Mozilla/5.0 (Windows NT 10.0;
        Win64; x64) AppleWebKit/537.36 (KHTML, like Gecko)
        Chrome/91.0.4472.77 Safari/537.36'}
5       num = (page - 1) * 25
6       url = f'https://movie.douban.com/top250?start={num}'
7       response = requests.get(url=url, headers=headers)
8       html = response.text
9       p_title = '<img width="100" alt="(.*?)"'
10      p_image = '<img width="100" alt=".*?" src="(.*?)"'
11      title = re.findall(p_title, html)
12      imgurl = re.findall(p_image, html)
13      for i, j in zip(title, imgurl):
14          response1 = requests.get(url=j, headers=headers)
15          image = response1.content
16          with open(f'F:\\案例文件\\08\\源文件\\电影海报\\{i}.
```

```
              jpg', 'wb') as file:
17                 file.write(image)
18    for p in range(1, 11):
19        douban(p)
```

运行以上代码，打开文件夹"电影海报"，可看到爬取的 250 部电影的海报图片，如下图所示。

读者如果要套用上述代码，需要修改以下部分：

• 根据实际需求修改第 5 行和第 6 行代码中的网址格式。

• 根据实际需求修改第 9 行和第 10 行代码中的正则表达式。本节的难点也在于正则表达式的编写。

• 根据实际需求修改第 16 行代码中海报图片的保存路径及格式。

• 根据实际需求修改第 18 行代码中爬取的页码范围。本案例是爬取第 1 ～ 10 页的电影海报，如果要爬取第 4 ～ 8 页的电影海报，将 range() 函数括号里的"1, 11"修改为"4, 9"即可。

8.16 从图片中提取配色

配色对设计作品的美观度有很大影响。为了找到合适的配色方案，可以从优秀的作品（如风光照片、电影海报、广告招贴等）当中寻找配色的灵感。本节将通过编写 Python 代码，从图片中提取主要颜色，并生成相应的颜色代码。

素　材	案例文件 \ 08 \ 素材 \ 图片（文件夹）
源文件	案例文件 \ 08 \ 源文件 \ 从单张图片提取配色.py、从多张图片提取配色.py、配色表.xlsx

本节以文件夹"图片"中的图片为例进行配色提取。

先来提取单张图片的配色。完整代码如下：

```
1   from haishoku.haishoku import Haishoku
2   image = 'F:\\案例文件\\08\\素材\\图片\\绿植.png'
3   Haishoku.showPalette(image)
4   palette = Haishoku.getPalette(image)
5   for p, rgb in palette:
6       hexcolor = f'#{rgb[0]:02X}{rgb[1]:02X}{rgb[2]:02X}'
7       print(f'{p:.2%}', rgb, hexcolor)
```

第 1 行代码导入用于从图像中提取配色的 Haishoku 模块。该模块是 Python 的第三方模块，需使用 pip 命令安装。

第 2 行代码指定要提取配色的图片的文件路径，可根据实际需求修改。

第 3 行代码用于从指定图片中提取配色，并显示一张临时图片，供用户预览提取结果。

第 4 行代码用于从指定图片中提取配色，并返回一个列表，其中包含提取出的各种颜色（最多提取 8 种）的比例和 RGB 色值。

第 5～7 行代码用于遍历第 4 行代码的提取结果，并进行输出。其中第 6 行代码用于将 RGB 色值转换为十六进制色值。

运行以上代码，会先打开一张预览图片，如下图所示（具体效果请读者自行运行代码后查看）。

关闭预览图片，在代码编辑器的运行结果输出区可以看到输出的配色提取结果，具体如下：

```
1   29.00%  (31, 51, 38)      #1F3326
2   22.00%  (55, 110, 56)     #376E38
3   14.00%  (198, 236, 133)   #C6EC85
```

4	11.00%	(230, 232, 213)	#E6E8D5
5	8.00%	(119, 130, 116)	#778274
6	7.00%	(148, 205, 108)	#94CD6C
7	6.00%	(124, 195, 67)	#7CC343
8	3.00%	(100, 137, 65)	#648941

再来提取多张图片的配色，并保存为 Excel 工作簿。完整代码如下：

```python
from pathlib import Path
from haishoku.haishoku import Haishoku
import xlwings as xw
folder = Path('F:\\案例文件\\08\\素材\\图片')
file_list = list(folder.glob('*.*'))
app = xw.App(visible=True, add_book=False)
wb = app.books.add()
for i in file_list:
    palette = Haishoku.getPalette(str(i))
    data = []
    for p, rgb in palette:
        percent = f'{p:.2%}'
        rgbcolor = f'{rgb}'
        hexcolor = f'#{rgb[0]:02X}{rgb[1]:02X}{rgb[2]:02X}'
        row = [percent, rgbcolor, hexcolor]
        data.append(row)
    ws = wb.sheets.add(name=i.stem)
    ws.range('A1').value = ['比例', 'RGB色值', '十六进制色值', '颜色']
    ws.range('A1').expand('right').font.bold = True
    ws.range('A2').value = data
    for c in ws.range('C2').expand('down'):
        c.offset(0, 1).color = c.value
    ws.autofit()
```

```
24      ws.pictures.add(i, left=ws.range('F1').left, width=
        200)
25  wb.save('F:\\案例文件\\08\\源文件\\配色表.xlsx')
26  wb.close()
27  app.quit()
```

第 3 行代码导入用于创建和编辑 Excel 工作簿的 xlwings 模块。该模块是 Python 的第三方模块，需使用 pip 命令安装，并且要求系统中安装有 Excel。

第 4 行和第 5 行代码用于获取指定文件夹中所有图片的文件路径列表。

第 6 行和第 7 行代码用于启动 Excel 程序，并新建一个空白工作簿。

第 8～24 行代码用于依次从图片中提取配色，并将提取结果写入新建工作簿的工作表中。

第 9 行代码用于从当前遍历到的图片中提取配色。

第 10～16 行代码用于对提取结果进行格式转换和整理。其中第 12 行代码将颜色比例值转换为百分数形式，第 13 行代码将 RGB 色值的元组转换为字符串形式，第 14 行代码将 RGB 色值转换为十六进制色值。第 15 行和第 16 行代码将转换好的 3 个值组合成一行数据，添加到第 10 行代码创建的列表中。

第 17 行代码在新建工作簿中添加一个工作表，并用当前图片的名称命名。

第 18 行代码在新工作表中写入表头文本 "比例" "RGB 色值" "十六进制色值" "颜色"。第 19 行代码将表头文本设置为粗体。第 20 行代码在表头下方写入前面整理好的配色数据。

第 21 行和第 22 行代码将 "十六进制色值" 列中的色值依次取出，并设置为 "颜色" 列中单元格的背景色，让生成的配色表更加直观。

第 23 行代码用于自动调整工作表的列宽和行高，让工作表中的各项内容显示完全。

第 24 行代码用于将当前遍历到的图片添加到工作表中，与 F 列的左侧对齐，宽度为 200 点。

第 25 行代码用于将工作簿保存到指定路径下。第 26 行和第 27 行代码用于关闭工作簿并退出 Excel 程序。

运行以上代码，打开生成的工作簿 "配色表.xlsx"，可看到多个以图片名称命名的工作表，切换至任意一个工作表，可看到对应的图片以及从图片中提取出的配色数据和颜色预览效果，如下页图所示（具体效果请读者自行运行代码后查看）。

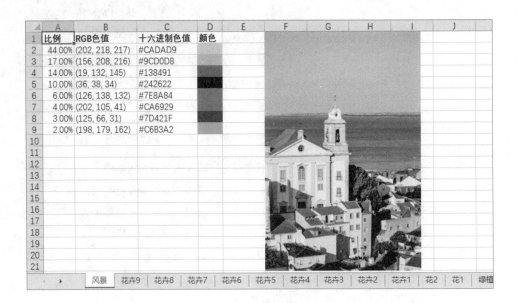